普通高等学校"十四五"规划建筑学专业精品教材

建筑师业务知识

Professional Knowledge of Architect

丛书审定委员会

何镜堂　仲德崑　张　颀　李保峰

赵万民　李书才　韩冬青　张军民

魏春雨　徐　雷　宋昆

本书主审　张建涛

本书主编　黄健文

本书副主编　刘旭红　林超慧　郑加文

华中科技大学出版社

中国·武汉

图书在版编目(CIP)数据

建筑师业务知识/黄健文主编. —武汉：华中科技大学出版社,2021.4
ISBN 978-7-5680-7036-2

Ⅰ.①建…　Ⅱ.①黄…　Ⅲ.①建筑工程　Ⅳ.①TU

中国版本图书馆 CIP 数据核字(2021)第 059038 号

建筑师业务知识
Jianzhushi Yewu Zhishi

黄健文　主编

策划编辑：王一洁
责任编辑：陈　忠
封面设计：原色设计
责任监印：朱　玢
出版发行：华中科技大学出版社(中国·武汉)　　　电话：(027)81321913
　　　　　武汉市东湖新技术开发区华工科技园　　　邮编：430223
录　　排：华中科技大学惠友文印中心
印　　刷：武汉开心印印刷有限公司
开　　本：850mm×1065mm　1/16
印　　张：10
字　　数：208千字
版　　次：2021 年 4 月第 1 版第 1 次印刷
定　　价：49.00元

普通高等学校"十四五"规划建筑学专业精品教材

总　　序

　　《管子》一书中《权修》篇中有这样一段话:"一年之计,莫如树谷;十年之计,莫如树木;百年之计,莫如树人。一树一获者,谷也;一树十获者,木也;一树百获者,人也。"这是管仲为富国强兵而重视培养人才的名言。

　　"十年树木,百年树人"即源于此。它的意思是说,培养人才是国家的百年大计,十分重要,不是短期内可以奏效的事。"百年树人"并不是非得100年才能培养出人才,而是比喻培养人才的远大意义,要重视这方面的工作,并且要预先规划,长期、不间断地进行。

　　当前我国建筑业发展形势迅猛,急缺大量建筑建工类应用型人才。全国各地建筑类学校以及设有建筑规划专业的学校众多,但能够做到既符合当前改革形势又适用于目前教学形式的优秀教材却很少。针对这种现状,亟须推出一系列切合当前教育改革需要的高质量优秀专业教材,以推动应用型本科教育办学体制和运作机制的改革,提高教育的整体水平,并且有助于加快改进应用型本科办学模式、课程体系和教学方法,形成具有多元化特色的教育体系。

　　这套系列教材整体导向正确,科学精练,编排合理,指导性、学术性、实用性和可读性强,符合学校、学科的课程设置要求。以建筑学科专业指导委员会的专业培养目标为依据,注重教材的科学性、实用性、普适性,尽量满足同类专业院校的需求。教材内容大力补充新知识、新技能、新工艺、新成果。注意理论教学与实践教学的搭配比例,结合目前教学课时减少的趋势适当调整了篇幅。根据教学大纲、学时、教学内容的要求,突出重点、难点,体现建设"立体化"精品教材的宗旨。

　　作者以发展社会主义教育事业,振兴建筑类高等院校教育教学改革,促进建筑类高校教育教学质量的提高为己任,为发展我国高等建筑教育的理论、思想,对办学方针与体制,教育教学内容改革等方面进行了广泛深入的探讨,以提出新的理论、观点和主张。希望这套教材能够真实地体现我们的初衷,真正能够成为精品教材,受到大家的认可。

中国工程院院士:

2007 年 5 月

前　言

建筑师执业知识作为我国建筑学专业高等教育的培养要点之一,这方面教学内容的梳理和传授,一直以来都是专业教育评估十分关注的教研课题。目前,随着高校教学改革的逐渐深入,建筑学专业学生毕业所要求的总学时数不断减少,建筑师执业知识相关课程在此背景下如何调整重构已经成为迫切需要解决的问题。另外,"建筑师负责制"和"全过程服务"等政策的持续推进对课程教学提出了更高的要求,同时对教师教学的知识结构、应对能力和创新能力也提出了新的挑战。

在上述背景下,本书采用多元化的编写手段,不仅紧扣现行《全国高等学校建筑学专业教育评估文件》的评估知识点对现有相关教材内容进行梳理和精简,而且精选、融合与国内外建筑师执业相关的最新文献资料,同时借助数字化技术下的课程资源信息平台,及时更新展示国内外职业实践标准和全球建筑教育宪章等资料,旨在帮助学生更全面高效地认知和了解在建筑师的学习成长过程中应该熟悉哪些内容、掌握哪些资讯,以此明确目标,拓展思路,获得启发和借鉴。

本书作为广东工业大学校级本科教学工程项目精品教材(广工大教字〔2018〕132 号),得到了广东工业大学建筑与城市规划学院建筑学省级教学团队的全力支持与悉心指导,得到了华南理工大学建筑设计研究院有限公司的鼎力支持与帮助,得到了华中科技大学出版社的大力支持和配合,在此表示衷心的感谢!

本书可作为高等学校建筑学和城市规划等相关专业的教材和参考书,供"建筑师业务知识""建筑师职业教育"类课程使用,也可供青年建筑工作者以及建筑设计行业人士作参考之用。

本书由黄健文担任主编,刘旭红、林超慧、郑加文担任副主编,郑州大学建筑学院张建涛教授担任主审。具体编写分工如下。

黄健文(广东工业大学):第 1、2、6 章。

刘旭红(广东工业大学):第 3、4 章。

林超慧(惠州学院):第 5 章。

郑加文(广东工程职业技术学院):第 7 章。

本书在编写过程中查阅参考了一些国内外相关文献资料,在此向这些文献的作者表示衷心的感谢!

由于时间仓促和编者水平有限,书中难免存在一些不妥之处,恳请读者及同行批评指正。

编　者

2021 年 1 月

目　　录

第 1 章　建筑师概述

1.1　职业建筑师的历史与起源

1.1.1　欧洲建筑师职业历史

建筑师是世界三大古老职业之一，其他两种职业是医师和律师。欧洲人说：建筑师创造（物质世界）秩序，医师恢复（人体）秩序，律师维持（社会）秩序。古埃及最早出现关于建筑师的活动记述，但当时的语言中还没有明确的"建筑师"一词。古希腊时期的语言里出现了"architect"一词，由希腊文词根"archi"与"tect"缀合派生而来，意为"建造者"，这为现代意义的建筑师概念奠定了基础。古希腊的建筑师是工作内容非常宽泛的科学技术专家，其工作包含了城市建设、修建公共建筑、军事、时间计算和天象观测等，是世俗化、非专业分工的建筑师角色的起源。到了古罗马时代，建筑师角色上升为"伟大的职业"，其工作的主要内容有三项，分别为建造房屋、制造日晷、制造机械，也留下了经典建筑理论著作《建筑十书》(*De Architectura Libri Decem*)……无论是古埃及、古希腊还是古罗马，建筑师的起源都是工程的组织先驱和技术专家，而这种传统的集大成者，则是中世纪和文艺复兴时期的建造巨匠。

中世纪时期，建筑师通常是营建现场的技术负责人和营建工头，居于业主、顾问和工匠之间，不仅需要熟悉结构、材料、技术，而且要绘制图纸或制作模型，与业主和工匠沟通，同时还要控制造价、工期和建造组织，管理工地并定期付给工匠酬劳，以保证工程顺利完成。而最为重要的是，建筑师十分注意控制建筑物的整体形象和细部构成，侧重考虑结构的纯形式美，因而中世纪的建筑匠师往往被称为构成家，但更全面的理解应该是学识丰富的智者、科学家，以及掌控工程设计和施工管理的建筑匠师。东方传统木构建筑的"栋梁""大匠"等角色也具有相似的特征，可以认为是现代建筑师与工程承建商的综合体。

以达·芬奇、米开朗基罗、伯鲁乃列斯基等为代表的文艺复兴时期建筑师，积极延续和继承发扬了中世纪的建筑师营建传统，并且基于对中世纪神权至上的批判和对人道主义的肯定，重新借助古典的构成比例来塑造理想中古典社会的协调秩序。随着建筑的兴盛，对专业人才的需求亦越来越大，文艺复兴时期真正奠定了"建筑师"这个名词的意义，将这种新的职业加入了整个社会的经济呼吸之中。文艺复兴时期的建筑师，不仅仅将建筑作为一种营造的经验行为，而是赋予建筑理论和文化上的意义。建筑师来自雕刻师、绘图师、画家、工程师和细木工等,但却明显区别于一般工匠和神学家。这些建筑师将文艺复兴时期代表宇宙真、善、美统一的造型艺术,与追求完美建筑比例的营造模式相结合,为当时社会的思潮和文化融入建筑找到了一个最佳切入点。

欧洲古典主义时期,以法国为代表的专制王权开始竭力崇尚古典主义建筑风格,出现了以国家作为艺术家的经济后盾和艺术保护人的国家主义艺术象征的制度。随着古典主义建筑风格的流行,法国设立了包括艺术学院与建筑学院两部分的巴黎美术学院,学院将建筑学的教育范围缩小成与绘画、雕塑并列的一个艺术门类,强调建筑等于房屋的装饰艺术,极大地削减了欧洲古代建筑师的职业内容。在崇尚古典形式的学院派艺术教育影响下,建筑师转变成以样式构成、象征意义拼贴与整合为主的官式象征艺术家。但从建筑教育体系的发展来看,巴黎美术学院的学院派体系不仅是欧洲建筑教育机构的鼻祖,而且在20世纪的头20年对世界建筑界及建筑教育起着相当大的影响。

18世纪末期,欧洲议会制度的诞生和发展,导致了贵族制度的破产和艺术保护人的消亡。资本主义的萌芽发展和城市规模的逐步扩张,累积了大量建设投资,为建筑师提供了许多实践机会。在此背景下,建筑的视觉艺术性不再独占建筑师的视野,技术性和经济性的需求催促着建筑师职业内涵的扩展,建筑设计开始由艺术转化为一种职业,逐渐从形式装饰和雕塑艺术转变为注重工程、技术、经济等问题。1834年,第一个实质性的建筑师联盟英国建筑师协会成立,不仅庄严地向社会作出职业建筑师的两大承诺——能力与诚信,而且也宣告了世界图景和建筑师职业的真正改变(图1-1)。

图1-1 英国建筑师协会总部及初期徽章

1.1.2　中国建筑师职业历史

中国关于专业建筑师的最早记载,可以在先秦古籍《周礼·冬官考工记》中找到相关线索,其记述"匠人"的事务包括取正、定平,营建国城,开沟……"匠人"是古代从事营造管理的官职,其设置可追溯至周代,主要掌管城市规划测量、建筑设计与施工,以及仓廪、道路、农田、水渠等工程建设。除了官职以外,我国古代还建立了与"匠人"紧密相关的"工官制度","工官制度"是我国历史上关于宫室建筑、城市规划、技术要求、组织工料以及组织施工的一系列规范与制度的总称。该制度有以下几方面特点:①设立专门管理机构和官职,"工"为商代的工匠官吏,是最早的工官职务,以后各代设司空、将作监等;②制定规范,推行标准化,如宋代的《营造法式》就是"工官制度"的产物;③涉及建筑设计、管理施工、组织工料等。清末包工商的出现,则标志着"工官制度"所调整的生产关系发生了重大变化。

在"工官制度"下,古代中国历朝统治阶层都设有掌管建筑工程的机构,其中沿用时间最长的是"工部"。工部主要管理建筑设计、施工以及水利工程等百工之事,为古代官署名,六部其中一部。最初设于隋代,唐以后各代沿用不辍,工部设尚书,为工部最高行政职务,下设侍郎、郎中、员外郎等职。明代的工部下设营缮所,其中部分官员为工匠出身,如木工蒯祥和石工陆祥。清代的工部只掌管"外工","内工"由内务府负责。清代的施工典籍《工程做法》就是由工部制定的。工部为规范建筑施工和设计行为起到了积极作用。

古代通晓"匠人"业务的官员或技术管理者,在中国历朝机构中各有不同的称谓。周朝的"司空",是古代掌握土木建筑的官职,相传设于虞舜时代,据《汉书·百官公卿表》中载:"禹作司空,平水土。"空,即穴居,"司空"最早的具体任务,是管理穴居之事;秦朝设"将作少府",汉代也承袭此制,汉景帝时改为"将作大匠",唐代先改为"缮工监",置大匠一人,少匠两人,后改称"营缮监",最后改称"将作监"。"将作"官员代表各代王朝行使建筑管理职责,对建筑的标准化起到了一定的推动作用,《营造法式》一书就是由身为宋代"将作监"的李诫重修完成的。西汉后期的"民曹尚书"是工部官职的又一变化,"民曹尚书"是汉成帝设置的四大尚书官位"四曹"之一,专门负责工程事务,掌管缮治、功作、监池、苑、囿等工作。魏晋南北朝时期,魏以"左民尚书"负责工程,晋以后,尚书负责屯田、起部(负责工程)、水部(负责航政、水利)等与工程有关的活动,所掌均属工务范围。隋以后至清朝改称"工部尚书"。宋代的"八作司",属工部管辖,据《宋史·职官志》中载,"八作司"分为"东八作司"与"西八作司",掌京城内外城修缮之事。元代的"待诏",是官方授予优秀工匠的官职,"待诏"在宋代仅为画院内画家的官职,元代则扩大到工匠队伍。明代的"住坐"和"输班",均是对营造匠人的管理方式,其管理下的匠人称谓是"住坐匠"和"输班匠"。"住坐匠"在明初编入工部编制,为常年固定在工部作坊的匠人,"输班匠"则为自由匠人,基本上不受工官制度的约束,在经济上实行"匠班银"的税收制度。清初,"输班匠"最终取代了"住坐匠",从而促进了建筑承包商的诞生。清代皇宫、苑囿则由内务府掌管,设"样房""算房",其中供职的主持人是世袭的,如著名的"样式雷""算房刘"。

中国传统的木构建筑营建体系是以"栋梁""大匠"为核心的工匠承包建造体系。代表我国古代建设科学与艺术巅峰的宋代典籍《营造法式》曾记载:"臣闻'上栋下宇',《易》为'大壮'之时;'正位辨方',《礼》实太平之典。'共工'命于舜日;'大匠'始于汉朝。各有司存,按为功绪。"在古代传统建造活动中,往往只有委托方和承包方两者,而并没有作为第三方的独立建筑师。但事实上并非完全没有从事建筑设计的匠师,这些匠师只是作为承包方的管理力量与技术骨干,全面谋划运营整个项目的建造过程,精细控制建造过程中的建造工期、建筑造价、施工质量等多方面事务。这些有建筑专业知识的匠师,一直至唐代起,才逐步从承包方中分离出来,发展成为从事设计、结构和施工指挥的民间职业匠师,称为"都料匠",负责设计结构详图,指挥下料加工和现场施工,但不亲自操作。"都料匠"属于匠人之列,但并非官职。唐代柳宗元在其所著的《梓人传》中说:"梓人盖古之审曲面势者,今谓之都料匠。"梓人即木匠,文献记载曾建开宝寺塔的宋代的预浩,就是当时著名的都料匠。明代以后有不少的都料匠成为工部的官员,对规范施工和建筑的标准化作出了重要贡献。

到20世纪初,现代意义的建筑和建造体系在西方已日渐成熟,并随着近代西方文化的"炮舰外交"和中国留学生的学成归国逐步传入中国。1923年,从日本留学回国的柳士英等创办苏州工业专门学校建筑科;1925年从美国留学回国的庄俊在上海开设"庄俊建筑师事务所";1927年"上海市建筑学会"成立,于第二年更名为"中国建筑师学会",并出版会刊《中国建筑》(图1-2);20世纪50年代北京成立了建筑师的行业组织中国建筑工程学会(图1-3)。同时,建筑师作为一个"进口"的职位被带进既有的社会结构和建筑生产体系中,但其实际职能仍然是有技巧的工匠。这样,中国建筑师通过学习,在中国建立了以"洋学"为主、自由职业为体制的西方现代意义的

图1-2　1927年出版的《中国建筑》　图1-3　1953年中国建筑工程学会第一次全国代表大会合照

建筑师职业、教育和行业组织,并在西化主导的风气中(早期会员中70%以上为留学回国者)迅速确立了社会地位和职业领域。

1.1.3 职业建筑师的起源

现代意义的职业化建筑师,最早成形于18世纪末至19世纪初的英国。在整个西方文明中,职业建筑师产生之前的城市建设,特别是宗教权势的公共建筑和贵族王室的豪华建筑,是由业主和艺术家共同完成的,而大量的普通民居则由工匠直接完成。在18世纪末到19世纪初的英国,随着资本主义的发展和城市的扩张,工匠主导的施工企业型建筑师作为营建的承包商,在以技术为主导的契约和执行中占据着重要的地位。这个时代应运而生的现代职业建筑师,正是以职业代理人的独立身份、专业设计者的专业能力、项目监理人的公正诚信取得社会的普遍认同。

自1834年第一个实质性的建筑师联盟——英国建筑师协会(IBA)成立以后,经过32年的努力,这个协会不仅为自己赢得了一个类似古代神职者、医生、律师才拥有的垄断性称号——“建筑师”,更重要的是在1866年被英国女王授予“皇家”称号,一跃成为大名鼎鼎的、世界现代建筑师协会鼻祖——英国皇家建筑师协会(RIBA),并且在1863年举办了世界上的第一次注册建筑师职业考试。1900年在巴黎召开的国际建筑师会议(International Congress of Architects,ICA),就以职业化建筑师注册资格的社会承认和推广为主旨,1911年,罗马大会上通过了要求各国制定建筑师注册法规和制度的决议。1925年英国的职业建筑师注册制度公布,1927年《英国建筑师注册法》(涉及建筑师资格、考试与注册、建筑教育等)获得通过,1938年修改完成。

职业建筑师作为独立称号出现,不仅是为了保障建筑师的能力和诚信,更重要的是借此认证获得全社会的高度认可。早在国际建筑师协会成立前,1928年国际现代建筑协会(International Congresses of Modern Architecture,CIAM,图1-4)在瑞士成立,成为第一个国际建筑师的非政府组织。1933年CIAM第4次会议通过了《雅典宪章》,确立了现代主义(国际式)建筑在国际建筑界的统治地位。由联合国教科文组织协调于1948年6月28日在瑞士洛桑成立了国际建筑师协会(International Union of Architects,UIA),它的宗旨是在国际社会上代表建筑师行业,推动建筑和城市规划的发展,同时确定建筑师的职能,促进建筑教育,建立职业规范,保护建筑师的权利和地位等。不同于CIAM的以建筑师个人为会员单位,UIA是以国家和地区为会员单位,当时有27个国家建筑师组织的代表参加(图1-5)。建筑师及其从事的建筑设计行业正是顺应了社会发展的需求,以组织起来的行业力量促成了建筑设计和城市规划等建筑师职业服务的规范化,并通过一系列的举措获得社会的普遍承认和尊重,由此职业建筑师步入了规范化发展的新阶段。

图 1-4　1928 年国际现代建筑协会第一次会议合照

图 1-5　国际建筑师协会每三年举办一次世界建筑师大会

1.2　建筑师的工作职责

1.2.1　建筑师的职能范畴

（1）国际社会对建筑师的职能范畴要求

根据国际建筑师协会给出的定义，"建筑师"通常是依照法律或常规，专门给予职业和学历上合格并在其从事建筑实践的辖区内取得了注册/执照/证书的人。在这个辖区内,该建筑师从事职业实践,采用空间形式及历史文脉的手段,负责任地提倡人居社会的公平、可持续发展、福利和文化表现。

国际建筑师协会章程(图 1-6)在"宗旨和职能"一节里强调国际建筑师协会要求其成员以最高的职业道德和规范赢得和保持公众对建筑师诚实和能力的信任;强调质量和可持续性发展、文化和社会价值相关的建筑功能与公众的关系;通过重建遭到毁坏的城市和乡村,更有效地改善人类居住条件;更好地理解不同的人群和民族,为实现人类物质和精神的追求而继续奋斗;促进人类社会进步,维护和平,反对战争。这即是对职业建筑师职能的概括。

图 1-6　国际建筑师协会章程封面

联合国产品分类目录(1991 年版)中对职业建筑师的职能定义和服务范围作了更为全面的概括,其中涉及建筑服务、咨询和设计前期服务、建筑设计服务、项目合同管理服务、建筑设计和项目合同管理组合服务、其他建筑服务等。

建筑的生产活动发展到今天,已成为一项复杂化、体系化的活动,它涉及诸多专业人员,也涉及社会公共效益和个体利益,需要对国家、社会、城市、乡村有全面概括的理解与把握,需要尊重历史、理解文化、遵守建筑设计的基本原则,还需要精准地设计、合理地建造、客观地评价等。然而,建筑师的工作绝不是独立的个人表演,而是一个与整体设计团队不断交换想法、持续合作的过程。正是这些工作步骤丰富了整个设计过程,使建筑尽可能地满足各方面的要求与利益。作为建筑的设计者,需要了解建造过程涉及的各个生产环节,才能使建筑设计具有功能的合理性与施工的可行性。

(2)时代发展对建筑师的职能范畴要求

每个时代按不同的要求对建筑师提出不同的任务,在如今的互联网时代,建筑师工作内容及角色发生变化,一方面建筑师需要从被动的技术绘图者转向主动的协调者,要用符合当代技术、材料要求的建筑语汇恰当地阐释社会生活,诠释时代精神;另一方面要求建筑师在满足人们不断变化的需求的同时,担负更多的社会责任。

《建筑工程
设计事务所
资质标准》

建筑师的职业变革于 2015 年在上海市浦东新区率先提出,它积极引进国际先进设计管理理念,争取在建筑业管理领域成为国家级建筑业改革示范区,是探索建筑师负责制的一种尝试。结合近年来关于五方主体制度、设计事务所制度、推进设计总承包等改革制度出台的背景,建筑设计管理制度和建筑业的变革也呼之欲出。

建筑师负责制是国际工程建设的通行做法,建筑师不仅是设计师,还是工程师,对建筑材料选取等技术问题的把握非常关键,建筑师的全程管理监督对工程质量和效果影响很大。而目前存在的建设工程的传统交付模式(DBB),以及随后发展的设计施工一体化模式(DB、EPC)、建设管理模式(CM、PM),都是在建筑师负责制的基础上进一步发展的新型建设模式,其内核依然包括在建筑物生产的全过程中,由职业建筑师负责整体的技术和品质。

国际通行的建筑师职能在中国被分割为"建筑师＋监理工程师"两个独立的部分,而当代的中国建筑设计院体制下的建筑师,基本只参与工程前期工作,例如整体构思和设计图纸。业务的质量很大程度上取决于甲方的影响,个人的业务能力也受到设计单位整体水平的影响。而在项目的整个施工过程中,除了必要的图纸交底和部分设计变更外,建筑师对项目的把控能力比较弱,这影响了项目设计意图的落实。当然,根据目前中国建筑师的整体水平,不是所有建筑师都能把控项目的全过程建设。其原因是多方面的,有政策、体制方面的原因,也有建筑师自身等方面的原因。

今后随着改革的推进,设计企业必将作出改变,建筑师也会面临着选择和变革,一部分个人业务能力较强的注册建筑师因为注册责任体系的强化必然会走向注册合伙制的模式,甚至是和原设计公司合伙;而另一部分有较强设计管理能力的建筑师会走向为大型企业的设计总承包服务以及设计施工一体化的工作岗位。这两种选择具有很强的互补性。可以预测今后很长一段时期内,中国的建设模式由于业主的不同可能会存在多种模式并存的情况。

1.2.2 建筑师的工作内容

建筑学实践(practice of architecture)在广度上包括:提供城镇规划以及一栋或一群建筑的设计、建造、扩建、保护、重建或改建等方面的服务。这些专业性服务包括城乡规划,城市设计,提供前期研究、设计、模型、图纸、说明书及技术文件,对其他专业编制的技术文件作应有的恰当协调以及提供建筑经济、合同管理、施工监督与项目管理等。UIA 对建筑师提出全程参与的工作框架如图 1-7 所示。

建筑师的工作远远超过了一般大众所理解的单纯的设计。建筑师的职业表现

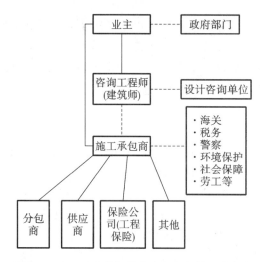

图 1-7　UIA 对建筑师提出全程参与的工作框架

取决于其完成设计委托的能力,所完成的设计不仅要创新、满足一定的规范、符合投资方的需求和期望,还要保证建设工程准时完成、建筑造价控制在预算之内,并且要掌握简单的建造技术,保证人力的有效分配,有计划地进行施工,确保造出高标准的建筑。从工作顺序来划分,建筑师的工作内容大致可以分为前期方案设计、中期图纸审查、后期施工监督、其他工作,如图 1-8 所示。

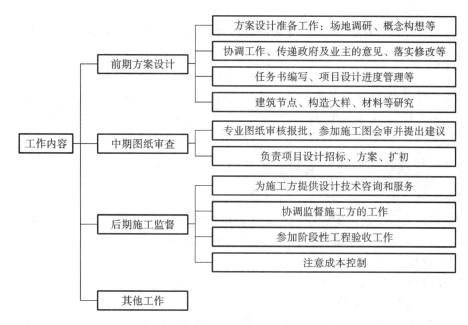

图 1-8　建筑师的工作内容框架

（1）前期方案设计

前期方案设计的工作内容主要包括以下几方面：开展团队设计工作，进行前期场地调研，设计方案汇报等；协助部门经理指导设计公司、顾问的管理及协调工作，正确且有效地传递业主及设计事务所的设计意见，以及政府回馈意见，并落实设计修改等；协助设计部门经理对项目设计进度的计划管理、组织编写设计任务书；负责建筑专业的设计节点、构造大样研究。

（2）中期图纸审查

中期图纸审查的工作内容主要包括以下几方面：负责项目设计招投标、方案、扩初、施工图阶段的设计管理工作；负责组织本专业的图纸审查和设计技术交底；参加施工图技术交底和图纸会审，并提出专业意见；协助设计、工程、综合部门做好方案、扩初、施工图等设计文件的审核与报批工作；负责设计评审的组织、设计质量的检查和评估，促使项目设计的进度及质量达到策划目标。

（3）后期施工监督

后期施工监督的工作内容主要包括以下几方面：协助督促设计公司做好规划、消防、环保、交通、卫生防疫、人防办、抗震办、水电气以及通信等有关政府部门的征询、协调工作；参加公司发展项目中与本专业相关的施工控制点和关键部位的阶段性工程验收工作；对相关工程技术工作进行检查和督导，及时发现项目发展中存在的技术问题，提出意见和解决方案；注意成本控制；做好施工协调与配合，提供设计技术咨询和服务，及时协调项目部处理专业设计问题和设计变更。

（4）其他工作

其他工作内容包括：协助设计部门经理处理日常事务及安排的其他工作；负责本专业技术资料归档；负责项目开发全过程的本专业技术支持。

通过对建筑师的职能及其在整个建筑生产中的工作内容认知，可以看到在整个建筑生产过程中，建筑师主要参与了建筑策划、建筑设计、初步设计、施工图设计、施工与评估等过程，由此可见，建筑师需要了解建筑的各个生产环节，才能使设计具有存在的合理性与施工的可行性，如图1-9所示。

1.2.3　建筑师的职业技能和能力要求

1999年6月于北京召开的国际建筑师协会第21届代表大会上一致通过的《国际建筑师协会关于建筑实践中职业主义的推荐国际标准》（*UIA Accord on Recommended International Standards of Professionalism in Architectural Practice*）提出："建筑师职业的成员应当恪守职业精神、品质和能力的标准，向社会贡献自己的为改善建筑环境以及社会福利与文化所不可缺少的专门和独特的技能。"

（1）建筑师的职业技能

《国际建筑师协会关于建筑实践中职业主义的推荐国际标准》指出，建筑师所应具备的基础知识和技能见表1-1。

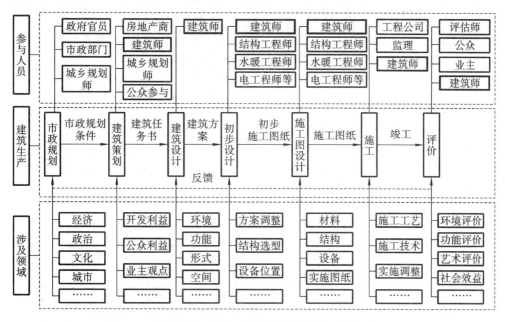

图 1-9　建筑师的工作内容及其在整个建筑生产中的位置

表 1-1　国际建筑师协会推荐建筑师所应具备的基础知识和技能

序号	职业技能要求要点
1	能够创作可满足美学和技术要求的建筑设计
2	有足够的关于建筑学历史和理论以及相关的艺术、技术和人文科学方面的知识
3	与建筑设计质量有关的美术知识
4	有足够的城市设计与规划的知识和有关规划过程的技能
5	理解人与建筑、建筑与环境、建筑之间和建筑空间与人的需求、尺度的关系
6	对实现可持续发展的手段具有足够的知识
7	理解建筑师职业和建筑师的社会作用,特别是在编制任务书时能考虑社会因素的作用
8	理解调查方法和为一项设计项目编制任务书的方法
9	理解结构设计、构造和与建筑物设计相关的工程问题
10	对建筑的物理问题、技术以及建筑功能有足够的知识,可以为人们提供舒适的室内条件
11	有必要的设计能力,可以在造价因素和建筑规程的约束下满足建筑用户的要求
12	对在将设计构思转换为实际建筑物、将规划纳入总体规划过程中所涉及的工业、组织、法规和程序方面要有足够的知识
13	有足够的项目资金、项目管理及成本控制方面的知识

（2）建筑师的当代技能发展

在我国建筑行业急速发展的影响下,建筑师面对现实工作的职业技能发展更具本土性,并主要体现为三个方面的能力:良好的商业意识、扎实的专业技能、良好的沟通协调与合作能力(图 1-10)。

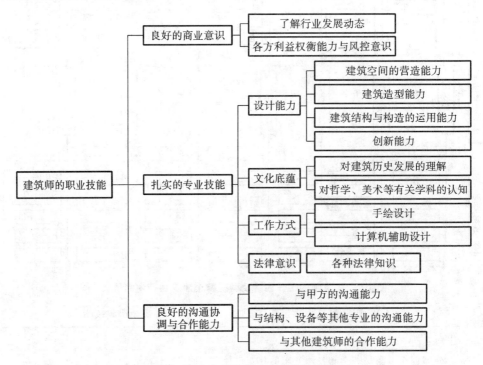

图 1-10 建筑师的当代职业技能主体框架

①良好的商业意识。

商业意识实际上是任何专业技能的重要方面。了解建筑行业行情可以帮助建筑师与合适的客户建立联系并确保项目安全。它还使建筑师更好地了解其他利益相关方的需求,确保上述协作伙伴关系能够更顺利地运行。

一方面,建筑师要了解行业发展动态。从我国近年建筑业发展来看,正逐渐朝着僧多粥少的局面转变,并且市场对企业的水平要求越来越高。尤其是体量大、技术水平一般、缺少创造力和核心竞争力的企业,更觉得市场竞争形势严峻。但是,市场在不断创新,在传统市场萎缩的同时,它亦提供了新的需求和机会。只有把握住这些需求,才能在优胜劣汰的环境中立于不败之地。

另一方面,建筑师要具备各方利益权衡能力和风控意识。建筑设计具有复杂性和多面性,建筑师在进行项目设计时必须站在多角度考虑问题,综合协调各方的利益和立场,权衡利弊。只有这样才能更好地服务社会,才能因地制宜地设计出符合需求的建筑,在各种竞争中脱颖而出。具备一定的风控意识,是要求建筑师在代表投资方利益的同时对自己设计的作品负责,不能因为自己的疏忽给投资方甚至自己造成损失。因此在工程建设过程中一定要仔细阅读每一份合同以及更改通知。对施工方也要进行管控,对其不合理的要求坚决抵制,在技术文件之外需要建筑师签字的一定要坚持原则,不可让步。因为在建筑师负责制的制度背景下,建筑师需要承担多方面的责任,所以应严把质量关,对各施工单位及监理单位进行严格管控,将工程的风险系数降到最低,切实维护好投资方的利益。

②扎实的专业技能。

当代的建筑师专业技能已不仅仅是指设计能力本身,对专业综合、文化底蕴、法治意识等方面都提出了更高的要求。

在专业综合方面,主要体现为对建筑各专业技能的综合运用能力。例如,结构设计师与建筑设计师的矛盾主要是建筑师对建筑结构掌握不到位,一位优秀的建筑师必须具备对结构设计的掌控能力。又如,建造技术日新月异,涌现了 BIM 技术、数字技术、绿色技术、装配式建筑技术等,建筑师只有紧跟时代的步伐,才能够尽快得到提升。

在文化底蕴方面,主要体现为对建筑历史文化价值的深入挖掘能力。例如,中华文明的传承对后代产生了深远的影响,文化源头的魅力与权威使得国人对祖制有不可磨灭的情怀,建立在血缘联系与祖先崇拜基础上的宗法制度深入骨髓,小至住宅,大到行政中心,处处都体现着中国人特有的传统情怀。又如,从数学、医学、生物等其他学科的角度重新科学看待建筑设计,从多学科中汲取知识,建筑师的文化内涵才会越丰富,积累的素材才会越厚实,看待问题的角度才会更加多元化,想象的空间才会越广阔。

在法治意识方面,主要体现为更新相关知识和遵守各项建设法规规定。如关注《中华人民共和国建筑法》的调整,各类行政法规包括"条例""办法""决定""行政措施""规章"等的更新,技术法规中新出台的规程、规范、标准、定额、方法等技术文件,如《建筑设计防火规范》《民用建筑设计统一标准》等,以及新的国际公约、国际惯例、国际标准等。

③良好的沟通协调与合作能力。

建筑是一门复杂的、涉及多方的营建活动,各方对建筑物有着不同的诉求,建筑师作为建筑活动中的龙头,应具备良好的沟通协调与合作能力。

首先是与甲方的沟通能力。甲方是建筑活动中的投资者,是被服务方,因此甲方常要求建筑能满足其尽可能多的利益诉求,而这些诉求有时与设计者的理念相冲突,甚至和设计规范相冲突,这时,设计师的沟通能力尤为重要,为之分析利弊得失、远近规划,以取得最佳的效果。

其次是与结构、设备等其他专业的沟通能力。由于近代建筑学分工的专业化,项目的结构设计、设备管线铺装设计等与整体建筑设计是分开的,在项目中如何使各专业人员协调统一,需要建筑师与各专业间进行有效沟通,良好的沟通能力此时必不可少。

最后是与其他建筑师的合作能力。一些大型项目常由多个建筑师共同完成,一些著名的组合彰显了建筑师合作的优越性,如妹岛和世与西泽立卫的 SANAA 事务所,解构主义资深组合蓝天组等,都是多个建筑师合作的成果。合作能力是职业建筑师必不可少的。

总之,当代建筑师的职业技能发展已更为特征化与多元化,只有不断学习与提升自我,才能在竞争激烈的市场当中找到得以生存的路径定位。

(3) 建筑师的职业精神原则

UIA 对建筑师的职业精神原则提出了明确的要求:建筑师应当恪守职业精神、职业诚信和执业能力的标准,从而向社会提供能改善建筑环境以及社会福利与文化所不可缺少的专门和独特的技能。主要包括以下四方面的内容(图 1-11)。

01 专业精神 expertise

02 独立精神 autonomy

03 奉献精神 commitment

04 责任精神 accountability

Members of the architectural profession are dedicated to standards of professionalism, integrity, and competence, and thereby bring to socity unique skills and aptitudes essential to the sustainable development of she built environment and the welfare of their societies and cultures.

图 1-11 UIA 对建筑师的职业精神原则要求

①专业精神(expertise):建筑师通过教育、培训和经验,取得系统的知识、才能和理论。建筑教育、培训和考试的过程,向公众保证了当一名建筑师被聘用于完成职业任务时,该建筑师已符合完成该项服务的标准。

②独立精神(autonomy):建筑师向业主或使用者提供专业服务,不受任何私利的支配。建筑师的责任是,坚持以知识为基础的专业判断分析,在追求建筑的艺术和科学方面,应优先于其他任何动机。

③奉献精神(commitment):建筑师在代表业主和社会所进行的工作中应具有高度的无私奉献精神。本职业成员有责任为其业主服务。

④责任精神(accountability):建筑师应意识到自己的职责是向业主提出独立的(若有必要时,甚至是批评性的)建议,并且应意识到其工作对社会和环境所产生的影响。建筑师只承接在他们专业技术领域中的且自己受过教育、培训和有经验的职业服务工作。

(4) 优秀建筑师应具备的综合能力

建筑师要完成建筑设计以满足当代人的建筑需求,只具备职业建筑师基本的专业知识与能力是远远不够的。那些已取得的专业技能只是建筑师被社会所认可的基础,作为一名合格的建筑师还应具有多方面的综合能力。

优秀的建筑师往往通过理论学习和实践积累来提升自己的职业综合能力,其中包括主观心态层面和专业技能层面的各项能力要素(表 1-2)。

表 1-2　建筑师在主观心态层面和专业技能层面的各项能力要素

建筑师的主观心态	建筑师的专业技能
敬业与团队精神 交流能力 组织协调能力 不断学习专业技术的能力 应对市场需求的能力 控制建筑的价值取向能力 ……	作出正确决策的判断能力及将其贯彻下去的宏观控制能力 具备足够的专业知识积累 对城市空间尺度、建筑群空间尺度的把握 审美素质和造型能力 对建筑构件在空间和形象表现上的预知 对建筑功能的综合解决能力 对使用者的关注和了解 ……

1.2.4　建筑师的责任和义务

1998 年,UIA 职业实践委员会通过了《关于道德标准的推荐导则》,作为各会员的精神和行为约束。导则中提出了建筑师的职业标准:职业建筑师是为改善建筑环境、社会福利及文化,具有专门和独特技能,并恪守职业精神、品质和能力的群体;对本职业的延续和发展、对公众造福负有责任,对业主、用户和形成建造环境的建筑业负有责任,对建筑艺术和科学负有责任。

(1)建筑师的主要责任

①保护和传承建筑文化。

当今,文化遗产保护已成为全社会共同关注的话题,对于建筑师来说,建筑文化的传承、体现本土特色已成为发展方向。应研究传统建筑风格和所处区域的关系、建筑色彩的运用、建筑氛围的营造手法等,继承和发扬传统的建筑精华,创造具有本土特色的现代建筑。

建筑文化的保护,一方面是保护历史文化建筑,在保护的同时,还可以合理地使用、恢复其原有功能,或是适度改造为新的功能,使历史文化建筑不再只是冷冰冰的艺术品,而是更贴近人们生活,让人们在使用中体会历史文化建筑的魅力;另一方面是保护历史在区域留下的痕迹。建筑师在做一个新项目时,要研究基地的现状和历史,有意识地保护历史留下的痕迹,并结合这些历史痕迹进行重新设计,使历史文化巧妙地融入新的生活(图 1-12)。

②推动建筑的可持续发展。

建筑的可持续发展是贯彻可持续发展战略的一个重要组成部分,是执行节约能源、保护环境等基本国策的必然要求,也是当前全球化的发展大趋势。建筑直接和间接消耗的能源已经占到全社会总能耗的 46.7%,建筑的可持续发展尤为重要。在考虑新建筑可持续发展的同时,还要思考如何将新的技术应用于旧建筑上,对老旧建筑进行再生设计,让其继续服务社会。

图 1-12　巴塞罗那城市鸟瞰

③倡导节能环保。

建筑倡导节能环保,需要以节约现有能源、提倡节能方式的设计手法造福社会。对建筑师来说,在设计工作中,要建立全社会节能环保的概念,尽可能多地研究和采用被动式节能方式。如广州气象监测预警中心(图 1-13),其开敞的布局,利用冷巷、天井组织和诱导通风降温,与庭院结合形成宜人的生活环境等方式,均与绿色建筑所倡导的节约资源,保护环境,提供健康、适用、高效、与自然和谐共生的建筑等要求一致。

图 1-13　广州气象监测预警中心

④坚守诚信。

建筑师要想在当今激烈竞争中立于不败之地,诚信是根本原则。建筑师不仅要保障工程质量,还要加大原创设计的力度,避免完全照搬、抄袭方案,对于一些新事物、新技术,要认真地研究可行性,没有调查就没有发言权。目前,项目后期评估还不是很完善,很多在创作之初的创新点、亮点,在建成之后的成效得不到及时的验证,这就需要建筑师对设计过程高度负责,不要让诚信危机成为建筑设计发展的障碍。

（2）建筑师的主要义务

①建筑师对公众的义务。

遵守法律，并全面地考虑到职业活动对社会和环境的影响。建筑师要尊重、保护自然与文化遗产，努力改善环境与生活质量，注意保护建筑产品所有使用者的物质与文化权益；在职业活动中不能以欺骗或虚假的方式推销自己；营业风格不能扰乱他人；遵守法规和条例；遵守所服务的国家的道德与行为规范；适当地参与公共活动，向公众解释建筑问题。

②建筑师对业主的义务。

忠诚、自觉地执业，合理地考虑技术和标准，作出无成见和无偏见的判断；学术性和职业性的判断优先于其他任何动机。建筑师在承接业务前应有足以完成业主要求的经济和技术支持；要以全身心的技能关注和勤奋工作；要在约定的合理时间内完成业务；要把工作进展及影响质量和成本的情况告知业主；要对自己给出的意见承担责任，并只从事自己技术领域内的职业工作；在接受业主委托前写明自己不能承担的工作，特别是工作范围、责任分工和限制、收费数量和方式、终止业务条件；对业主的事务保密；要向业主、承包商解释清楚可能产生利益冲突的问题，保证各方的合法利益和各方合同的正常实施。

③建筑师对职业的义务。

维护职业的尊严和品质，尊重他人的合法权利。建筑师要诚实、公正地从事职业活动；已从注册名单中除名者或被公认的建筑师组织排除者不应吸收作合伙人或经理；要通过行动提高职业尊严和品质，雇员也应以此为标准，以免损害公众利益。

④建筑师对同行（业）的义务。

尊重同行，承认同行的职业期望、贡献和工作成果，有义务对行业的发展作出贡献。建筑师不应有种族、宗教、健康、婚姻和性别上的歧视；不能采用未授权的设计概念，尊重知识产权；不能行贿；不能提前报价；不能以不正当的手段挖取别人已接受委托的项目，否认他人的工作成就等。

1.3　建筑师职业道德规范

职业道德是指从事职业的人在职业生活中应当遵循的具有职业特征的道德要求和行为准则。由于建筑师的职业活动关系到业主（建设方）和社会公众的生命安全、健康和福祉，因此建筑师的专业性、独立性、公正性、职业责任是其职业的基石。建筑师应当恪守职业精神、品质和能力的标准，向社会贡献自己的为改善建筑环境以及社会福利与文化所不可缺少的专门和独特的技能。建筑师职业道德规范作为行业性的自律标准，区别于法律法规等强制性规范，属于对建筑师行为的提倡和鼓励，并不具有其他惩罚性措施。

《建筑业从业人员职业道德规范(试行)》

1.3.1　职业道德总体规定

建筑师通过教育、培训和经验取得系统的知识、才能和理论。建筑教育、培训和考试的过程向公众保证了当一名建筑师被（聘用于）指定完成职业服务时，该建筑师已符合完成该项服务的合格标准。UIA 章程中规定了建筑师总的义务：要具有并提高其建筑艺术和科学的知识，尊重建筑学的集体成就，并在对建筑艺术和科学的追求中把以学术为基础和不妥协的职业判断置于其他各种动机之前（图 1-14）。

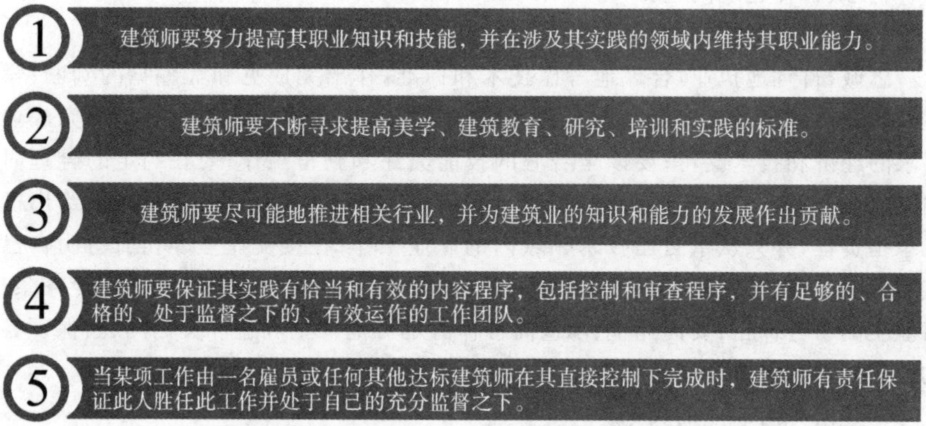

① 建筑师要努力提高其职业知识和技能，并在涉及其实践的领域内维持其职业能力。

② 建筑师要不断寻求提高美学、建筑教育、研究、培训和实践的标准。

③ 建筑师要尽可能地推进相关行业，并为建筑业的知识和能力的发展作出贡献。

④ 建筑师要保证其实践有恰当和有效的内容程序，包括控制和审查程序，并有足够的、合格的、处于监督之下的、有效运作的工作团队。

⑤ 当某项工作由一名雇员或任何其他达标建筑师在其直接控制下完成时，建筑师有责任保证此人胜任此工作并处于自己的充分监督之下。

图 1-14　UIA 章程中建筑师职业道德总体规定

1.3.2　面向社会的职业道德

①公正责任：建筑师接受业主的委托，代理业主对建设的全过程进行设计、管理，为业主利益和社会公益勤勉、诚实、公正地工作，坚持独立、专业的判断和科学、艺术方面的追求，提供专业化的服务和公正的判断。

②社会责任：建筑师作为建筑业的专业人士，应遵守相关的法规和当地的道德与行为规范，应根据业主提出的要求和环境条件，在满足现有法规和技术条件下，负责任地为业主和社会提供最佳的空间环境及最优的解决方案，并周到地考虑其职业活动所产生的社会和环境影响。当各方利益无法很好地平衡时，建筑师应意识到其工作对社会和环境所产生的影响，并向业主提出基于自身专业学识和社会责任的劝诫和建议。

③专业能力：建筑师通过教育、培训和经验取得系统的知识和能力，并通过注册考试获得执业资格，以保证能够胜任业主委托的专业服务。建筑师应在接受专业教育并取得执业资格后，不断继续接受培训和钻研专业技术，积累经验和技能。

④职业道德：若业主委托的服务内容中有超出建筑师所能胜任的内容，应向业主提出并推荐相应的专业咨询机构。建筑师应不受任何私利的支配并主动回避可

能有损于公正的利害关系。建筑师不能以虚假、误导或欺骗的方式进行沟通和自我推销。

1.3.3　面向业主的职业道德

建筑师面向业主的职业道德包括对业主的权利和对业主的义务。

（1）建筑师对业主的权利

建筑师对业主的权利包括如下各项。

①专业性：综合地提供整体化的建筑学服务，并保证设计的技术和艺术的完整性。

②量裁权和决定权：根据专业学识和艺术追求，在设计、建造全过程中主导协调各方关系，裁决业主和施工方的纠纷，并最终判断材料、部品、工艺和建筑物的美观与质量合格与否。

③版权：拥有建筑设计及其完成的建筑物的设计版权，并在销售、宣传等文件中拥有署名权，也拥有在专业领域的宣传权，业主在本项目的建造之外部分或全部使用其设计成果均需要得到建筑师的同意。

④收益权：提供专业服务后应及时获得相应的报酬。建筑师应在提供专业服务前与业主签订书面协议，并对服务内容、费用、付费方式和时间等进行详细约定。

（2）建筑师对业主的义务

建筑师对业主的义务包括如下各项。

①胜任：建筑师应只承接其经验、技术和时间上能够胜任的业务，并保证以应有的技能、关注和勤奋来完成。建筑师应在力所能及的合理的时间范围内，按照专业组织规定或惯例的程序尽快完成工作。

②保守秘密：为维护业主的利益，保守业主及其项目的秘密和隐私，在进行业务宣传时宜取得业主的同意，并不涉及业主的保密信息。

③专业：为业主提供专业、公正、诚实、独创的专业服务和最优的解决方案，在完成业务过程中不断优化和完善，并及时向业主报告工作的进展以及影响项目质量、成本和工期的各项问题。对于任何可能有损于业主最终利益的措施和判断，均应及早提出风险预警和修改建议。

④公益性：遵守相关法规和技术标准，维护公共利益，当业主要求与公益性相矛盾时应书面告知并尽量劝诫业主。

⑤敬业：建筑师应敬业勤业，努力钻研业务，不断学习，提高执业水平，并对任何超出自己胜任范围的工作告知业主并诚实推荐能够胜任的咨询和设计人。建筑师应向业主说明任何可能有损于业务中公正立场的利害关系并尽可能回避。

1.3.4　面向协作者的职业道德

①尊重信任：建筑师在整个业务完成过程中应尊重所有协作人员的劳动、专业

知识与技术,努力建立良好的信任与协作关系,并尊重其技术、咨询的版权,为实现建筑目标而共同努力。

②回避私利:建筑师应主动回避可能有损于建筑师专业判断和业主利益的利害关系,不得利用其他协作关系直接或间接地获取利益。

③分工协作:为保证良好的分工协作关系,建筑师应与业务协作方事先就业务分工、权利和义务达成一致并告知业主,对于未尽事宜应本着诚实、公正的立场进行协商。

1.3.5 面向同业者的职业道德

①组织自律:建筑师应当恪守职业道德,珍视和维护建筑师行业的荣誉和社会形象,模范遵守社会公德。建筑师应参加全国和地方的专业组织,并积极参加组织活动,维护建筑师的社会权益,接受专业组织的自律管理。

②同业尊重:建筑师应当尊重同行,相互学习,相互帮助,共同提高执业水平,不应诋毁、损害其他建筑师的威信和声誉。对其他建筑师及其设计作品的评判,应秉持公正、客观的原则,不得进行刻意的诋毁。在获取业务时应了解是否有其他建筑师与本项目有过或正在进行业务往来,应及时知会该建筑师,并确认业主已经与该建筑师履行了合同规定的权利和义务,否则不得接受业务委托。

③真诚协作:建筑师在专业服务过程中应积极协作,在不损害各自业务的前提下,尽可能为其他建筑师提供帮助。建筑师协助业主进行项目咨询和选择项目建筑师时,应促使业主采用公正、恰当的招标方法和程序,并诚实地推荐胜任的建筑师。建筑师应为其助手、雇员提供适宜的工作环境并给予公正的报酬,以促进其职业的发展。

④禁止抄袭:建筑师不应抄袭其他建筑师的设计概念和形式。在业主要求延续项目原建筑师的工作而需要沿用原设计时,应取得原建筑师的明确授权。

⑤正当竞争:建筑师应自觉维护执业秩序,共同保护建筑师的权益,不得为了获得业务而采用不正当的方式与其他建筑师竞争,包括如下各项。

a. 不得以贬低同行的专业能力和水平的方式招揽业务。

b. 不得以提供或承诺提供回扣等方式承揽业务。

c. 不得利用新闻媒介或其他手段提供虚假信息或夸大自己的专业能力。

d. 不得利用所担任的社会职务、设计招标评标委员、项目顾问等身份和便利获取业务。

e. 建筑师不得以不正当的方式挖取其他建筑师已获得的委托。

f. 不得以明显低于同业的收费水平竞争获取业务。

g. 不参加建筑师专业组织宣布为不能接受的设计招标。

⑥教育培训:建筑师应在整个职业生涯中不断通过学习培训和经验积累提高业务水平。建筑师应努力促进建筑学及其相关学科的研究、教育和普及。建筑师应尽可能满足建筑学学生的参观、实习、培训等要求,并提供认真、负责的指导。

1.4　建筑师的价值观培养

"学建筑,要先学会做人",这是全国"最美奋斗者"、中国建筑学科的领军人物和建筑大师何镜堂院士的人生感悟,也是他对青年建筑学子的殷殷寄语。何院士用自身的实践奋斗经历告诉我们,建筑师要有高尚的道德修养与精神境界,要学会做人,把社会整体作为最高的业主,把自己融入整个社会中,参与建设的全过程(图 1-15)。

图 1-15　何镜堂院士的工作日常

1.4.1　与祖国同行,与时代共进

何院士认为,建筑师要用作品反映社会需求,和时代同步发展,建筑师的生命,是和国家富强、民族振兴荣辱与共的,"我把自己的人生与国家的发展结合起来,使个人的追求与社会的发展同步,这是非常重要的。我的作品有幸见证了国家前进道路上的重大事件。我在科研和教学道路上取得的每一步成功,都是祖国和时代对奋斗者的馈赠。我认为,弘扬奋斗精神,把个人的拼搏和努力融入时代发展的洪流中,就一定会建功立业,走出最美丽的人生道路"。

在何院士看来,通过设计创作感恩祖国培养,记录伟大时代是建筑师应有之责。钱学森图书馆,他创造性地利用 GRC 材料不同的纹理组合,通过光线的折射让外立面"长"出了"两弹一星"元勋头像的大幅浮雕;汶川大地震震中纪念馆,他采用钢筋网填充碎石做成墙体,象征中华民族众志成城、重建家园的强大凝聚力;上海世博会中国馆,他结合光线的强弱,在不同部位采用不同明度、艳度的红色,形成了外观统一和谐的"中国红"……每个设计作品都在生动地记录着行进中的中国,呈现着弘扬祖国之美的坚定自信。

1.4.2　追求精品,学研并重

对事业的热爱是何院士成功的重要基石,他认为建筑师还需要有一定的匠人精神,对建筑创作有发自内心的激情,因为热爱,所以痴迷、激情澎湃。匠人精神是一种一丝不苟、精益求精的态度,体现在建筑师身上则是对设计作品精雕细琢、坚持完美和追求极致的设计态度。"做100个产品不如做1个作品;创作100个设计不如做1个精品"。在钱学森图书馆的设计中,何院士和他的团队为了完成立面上钱老的头像,做了许多大比例面材样板,甚至在烈日高温下现场查看1:1面材样板,直到效果令人满意为止。

除了不断践行创作精品,何院士还十分注重理论与实践的相互渗透融合。"建筑师就像医生",一个医生如果仅仅是研究医学,没有临床经验是不行的;临床的医生没有理论支撑也是不行的。建筑师也是这样。"建筑师不是说出来的,不是看书看出来的,是靠作品来说话的。"在他的引领下,以设计为主体,设计、教学、研究并重,已成为华南理工大学多年坚持的道路。100多人的团队,不仅完成了大量设计作品,其中众多的博士生、硕士生导师,每年还承担着200余个研究生的培养任务。在这个模式的推动下,出作品和出人才已经相互融合在一起,变得密不可分。遍布全国各地的200余个大学校园规划和设计作品,正是这条产学研相结合道路的直接成果。

1.4.3　求真务实,信守承诺

以辩证思维去解决问题,是建筑师应该一直坚持的科学工作方式。何院士在面对设计创作中错综复杂的问题时,就主张要掌握和运用辩证的思维方法。他认为建筑师既要有数学家的逻辑思维能力,又要有艺术家的形象思维能力,"既要懂得$1+1=2$的道理,又要学会$1+1 \neq 2$的辩证思维"。同时,他还强调以客观务实的态度去解决问题,"面对错综复杂的建筑的诸多影响因素中,建筑师要善于综合思维、善于在对立统一的关系中抓主要矛盾和矛盾的主要方面。一个创作形成的全过程,往往也是设计各阶段不断解决主要矛盾的过程"。在天津博物馆等文化建筑的设计中,何院士借此找到项目的着力点,创作出令当地人信服的文化地标。

作为"国家名片"的上海世博会中国馆,不仅是何院士及其设计团队的鼎力之作,而且也是他们勇担责任和承诺的历史见证。中国馆的建设工期短,设计调整、建设、布展是交叉进行的,完工一部分就交付一部分,这种施工的难度是以往少见的。但在困难面前,何院士仍向中国馆项目部作出设计工作绝不影响工程进度的承诺,此后不论是将建筑方向调整为与世博轴平行的正南正北,还是增加地区馆的面积以满足展览需要,何院士领衔的联合设计团队从未失信。50多人组成的设计团队日夜奋战,何院士成了"空中飞人",随叫随到,一年内他仅乘飞机往返于穗沪两地就达58

次之多。"支撑我的，就是一个中国建筑师的历史责任，这种责任，是我在参与这一项目的第一天开始，就深切感受到的。"何院士感慨地说。

1.4.4　以人为本，筑为人用

何院士的设计作品众多，其共同之处总在启示我们，以人为本，筑为人用，是建筑师从事建筑创作的出发点和落脚点。他认为，一个好的设计，从立意、构思到方案的形成，都应从人的需求出发，以人的尺度为准则，以满足人的物质和精神需求为检验标准。在汶川大地震震中纪念馆的设计中，何院士考虑的不仅是参观者对灾难记录的需求，更考虑到生活在当地的地震亲历者对灾难的复杂情感，对遇难亲人的思念。设计团队决定纪念馆要让当地人看到新生，看到希望，因此将主题确定为"从记忆到希望"。

历经几十年的锐意拼搏，从零开始，到完成大量在国内外具有显著影响的高水平项目，何院士认为这离不开他们对设计团队建设的重视。设计团队首先要有好的理念；第二要有好的创作思维方法；第三，敢于竞争，不怕输；第四，要有和谐共事的精神。他从不否定设计团队任何一个人的方案，每个人都会有自己的道理，关键是小道理还是大道理，"我和他们分析，指出优点，解决问题，进一步发展，经过综合，形成好的方案，年轻人也会服气，多做几个就知道怎么考虑了。所以学生们也都愿意来和我讨论方案"。以人为本，使团队每个人都积极贡献和守望互助，成就了这个一起奋战、彼此学习、相互激励的优秀创作集体。

1.4.5　成功离不开正确的价值观

"爱国、敬业、诚信、友善"，是我国公民的基本道德规范，也是从个人行为层面对社会主义核心价值观基本理念的凝练。这些价值观实际上都一一践行在何镜堂院士的身上，成了他作为一名建筑师的基本素养，更成为他的创作哲理。在多年的建筑创作实践中，他体会到并常与同事共勉："学建筑首先学会做人。"这是建筑师必须强调的第一课。他感悟到一个成功的建筑师，勤奋、才能、人品、机遇是缺一不可的。勤奋，是要努力工作，要有竞争意识，对创作充满激情，全神贯注、刻苦学习，向书本学、向别人学，还要结合建筑专业的特点去学；才能，既包括理论知识和设计技能，还包括建筑设计的思维方法和创作哲理；人品，是做人的守则和职业道德；机遇，是靠平时的积累和创造。只有在正确的价值观引导下，每位建筑师才可以根据自己的经历和环境，寻找和构建最适合自己从事建筑创作和职业发展的工作模式。

【本章小结】

本章的重要知识点是建筑师的工作职责及职业道德规范。建筑师概述部分主要简介了职业建筑师的历史与起源、建筑师的工作职责、建筑师的职业道德规范以及建筑师的价值观培养四个方面。此外，以何镜堂院士为榜样，树立建筑师"学建筑，要先学会做人"的正确价值观。

【思考与练习】

1-1 职业建筑师的起源来自哪方面需求?

1-2 建筑师的工作职责包括什么内容?

1-3 建筑师的主要工作内容及其在整个建筑生产中的位置是什么?

1-4 国际建筑师协会推荐建筑师所应具备的基础知识和技能是什么?

1-5 建筑师的职业道德规范包括什么内容?

1-6 建筑师应如何践行社会主义核心价值观?

第 2 章　注册建筑师制度

2.1　我国注册建筑师制度

2.1.1　注册建筑师制度的建立

　　我国职业建筑师的建筑设计活动和建筑教育体系,始于"西学东渐"的清末,成形于 20 世纪二三十年代。由于战争原因,20 世纪 30 年代后期西方的建设模式进入停滞状态,期间中国建筑的新生力量开始成长。20 世纪 50 年代,北京成立的、代表国家意志的建筑师行业组织"建筑学会",是以西学为主导的学会,它既非自由职业的第三方协调、监管力量,也非本土建造业的业界组织,在形式上和话语权利上保留了西方现代建筑师的特征。20 世纪六七十年代,建设活动严重放缓。直到 1984 年,城乡建设环境保护部才提出了一项关于建设、建筑领域系统改革的纲领性文件——《发展建筑业纲要》。经由国务院审批后,同年 9 月国务院发布了《关于改革建筑业和基本建设管理体制若干问题的暂行规定》。这两项纲领性的文件揭开了建筑业自身的改革大幕,也为几乎所有建筑领域的立法工作铺平了道路。

　　1987 年,国务院颁布《行政法规制定程序暂行条例》,1988 年建设部颁布《建设部立法工作程序和分工的规定》。1984 年,国务院批准国家计委的《关于工程设计改革的几点意见》发布后,我国的工程勘察设计行业全面进行体制改革,设计市场初步形成。为确保工程质量,国家计委作为主管部门开始研究制定市场准入制度,并于 1986 年发布《国家计委关于颁发〈全国工程勘察、设计单位资格认证管理暂行办法〉的通知》。

《建设工程勘察设计资质管理规定》

　　1993 年 11 月召开的党的十四届三中全会,通过了《中共中央关于建立社会主义市场经济体制若干问题的决定》,首次提出要在我国实行学历文凭和职业资格两种证书并重的制度。1994 年 2 月,劳动部、人事部联合颁布了《职业资格证书规定》,在我国逐步建立和推行专业技术人员职业资格证书制度。专业技术人员职业资格证书制度是政府对一些通用性强、责任重大、事关公共利益的关键专业技术岗位实行的强制性准入控制制度,是对从事某些特定职业所必备的学识、技术和能力的基本要求。

　　1995 年 9 月 23 日国务院令第 184 号正式颁布《中华人民共和国注册建筑师条例》(以下简称《条例》),1996 年 7 月 1 日建设部令第 52 号又颁布了《中华人民共和国注册建筑师条例实施细则》(以下简称《细则》),标志着中国注册建筑师制度的建立,真正开始实施是 1997 年 1 月 1 日。但由于该项工作刚刚起步,实行注册建筑师制度要达到《条例》和《细则》所规定的规范化、法冶化的标准还需要一个完善的过程,所以把 1997 年 1 月 1 日至 1998 年 12 月 31 日定为过渡期(图 2-1)。

我国注册建筑师制度的建立是建筑行业实施注册制度的重要里程碑,其不仅从法律角度界定了职业建筑师的权利和责任,而且还促使建筑行业从企业资质管理进一步迈向个人资格管理。虽然中国建立注册建筑师制度比英、美等西方发达国家晚六七十年,但它在制度设计上仍基本采用了西方"国际惯例"式的市场经济做法,有助于我国职业建筑师更好地与世界接轨。在以上《条例》和《细则》执行了十多年后,在 2008 年 1 月 8 日,建设部结合多年的执行经验总结,经第 145 次常务会议讨论通过并发布了新的《中华人民共和国注册建筑师条例实施细则》(以下简称新《细则》),自 2008 年 3 月 15 日起施行。新《细则》对《条例》当中的内容进行了进一步的明确,特别对注册建筑师制度的考试、注册、执业、继续教育、法律责任部分作了进一步的解释说明,增加了监督检查的相关条款,同时也对个别条款作了必要的修正,比如一级注册建筑师考试成绩有效期从 5 年延长至 8 年,二级注册建筑师考试成绩有效期从 2 年延长至 4 年等。2019 年 4 月 23 日,国务院令第 714 号对《条例》部分条款予以修改。

现阶段的注册建筑师制度主要具有以下特征。

①管理体制向注册建筑师个人执业制度的转变,采用强制性制度变迁方式,政府相关主管部门按照时间表在全国范围内强制实施。

②制度实施以前,设计单位多数是国有和集体所有,因此工程设计质量和工作经济效益都是单位的事,与个人无关。注册建筑师制度实施后,注册建筑师要对设计质量承担主要技术责任和部分经济责任。

③注册建筑师制度给了建筑师更多的权利,扩大了产权权能。注册建筑师除了具有一般劳动力的使用权、转让权、收益权外,还有设计文件签字权和企业资质条件权两项职业特殊权,这五项权利可以和注册建筑师的劳动力一起使用、转让。

随着改革开放与市场经济的发展,国内建筑设计市场逐步开放,大批外国设计企业陆续涌入国内开拓市场,与其相对比,国内设计企业在多方面均存在较为突出的差距,包括企业管理体制、市场竞争力,以及建筑师、工程师专业能力等。对此,住房和城乡建设部(原建设部)、人力资源和社会保障部(原人事部)联合组织专家,对美国、英国、加拿大、日本、新加坡等国家的情况进行了考察研究,发现这些国家普遍采用了注册建筑师、注册工程师制度,特别在专业教育要求、执业资格考试和职业继续教育等方面有着明显的共同性,仅在具体制度的标准或细则上存在一些差异。通过对比国内建筑师管理的实际情况,以及国情、历史、人口、市场等制约因素,中国最终选取了与美国相似的注册建筑师制度模式,并结合自身情况加以修改和进一步完善。

2.1.2　注册建筑师制度设计与实施

《中华人民共和国注册建筑师条例》包括总则、考试和注册、执业、权利和义务、

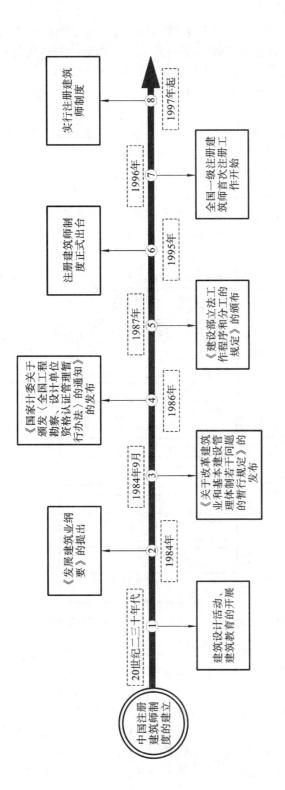

图 2-1 中国注册建筑师制度时间发展轴

法律责任、附则,共 6 章 37 条,1996 年版《细则》包括总则、考试、注册、执业和附则,共 5 章 47 条,标志着注册建筑师制度的确立。2008 年版《细则》包括总则、考试、注册、执业、继续教育、监督检查、法律责任和附则,共 8 章 51 条,标志着我国注册建筑师制度进入一个更为科学合理和完善的阶段。

（1）主要内容与作用

我国注册建筑师制度由两大部分构成:一是注册建筑师执业资格考试认定制度,二是注册建筑师注册执业管理制度。这两部分构建了注册建筑师的资格取得（考试、特许、考核认定）、注册管理和执业活动的制度运行机制,以及严密的注册建筑师管理制度。它主要体现在如下各项。

①具体制度设计严格遵循各版《条例》和《细则》的总体要求,相应制度分类的主要类型包括教育、职业实践、考试、注册、继续教育、执业（图 2-2）。

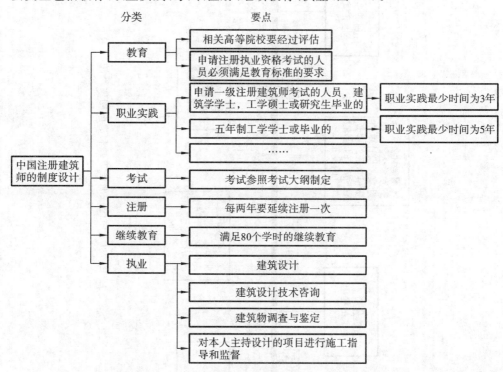

图 2-2　中国注册建筑师制度设计分类及要点示意图

②注册建筑师考试和执业资格条件的三项标准,分别是教育标准、实践工作标准和考试标准。例如,拟获取一级注册建筑师资格的候选者,应先取得五年制通过专业评估的建筑学学士学位（教育标准要求）,然后在专业技术岗位从事不少于三年的专业工作（实践工作标准要求）。对于高于或低于以上教育标准的考生,通过减少或增加最短专业工作年限来确定参加考试报名资格。考生参加并通过全国统一的注册建筑师资格考试（考试标准要求）,才能取得注册建筑师资格。

③以注册形式对"注册建筑师"名义进行保护。2019 年版《条例》规定"取得相应

的注册建筑师资格的,可以申请注册","注册建筑师有权以注册建筑师的名义执行注册建筑师业务。非注册建筑师不得以注册建筑师的名义执行注册建筑师业务"。

④确立了注册建筑师在执业中的"权利和义务"和"法律责任"。2019 年版《条例》规定:"国家规定的一定跨度、跨径和高度以上的房屋建筑,应当由注册建筑师进行设计。"注册建筑师对自己设计的文件(图纸)质量负责,别人无权擅自改动。所有这些,都反映出该制度承认注册建筑师的个人能力与价值,维护注册建筑师权利,激励注册建筑师自觉行使权利和义务。

⑤明确了政府相关主管部门对注册建筑师进行职业继续教育和执业监督检查的权力和内容。2008 年版《细则》规定:"国务院建设主管部门对注册建筑师注册执业活动实施统一的监督管理。县级以上地方人民政府建设主管部门负责对本行政区域内的注册建筑师注册执业活动实施监督管理。"

⑥明确了注册建筑师在取得执业资格和在注册、执业过程中的"法律责任"。以不正当或隐瞒、欺骗等手段非法取得注册建筑师考试和执业资格的,以及在注册、执业过程中违反相关规定的行为,都将受到相应的行政处罚,并承担相应的法律责任。这为我国注册建筑师制度提供了更清晰的法律保障。

(2) 执行成本与效果

自 1997 年制度实行以来,每年全国有万名以上的考生参加注册建筑师资格考试,通过率在 5% 以下,到 2020 年,全国的一级注册建筑师人数达到 3 万人以上,分布在全国各地注册和执业,全国各省、自治区、直辖市的设计图纸上注册建筑师签字盖章率几乎达到 100%。由于这项制度由政府推动,因而它的经费来源也相当严格,每年通过考试和注册收取的费用实际低于用于考题设计、评分、考务组织、注册管理方面的开支,目前国家有关部门正在制定收费标准、预算管理办法,以保证该制度的执行。

2.1.3　注册建筑师考试概况

(1) 考试管理

注册建筑师级别分一级建筑师和二级建筑师。全国一级注册建筑师资格考试由住房和城乡建设部与人力资源和社会保障部共同组织,考试采用滚动管理,共设 9 个科目,包括建筑设计,建筑经济、施工与设计业务管理,设计前期与场地设计,场地设计(作图题),建筑结构,建筑材料与构造,建筑方案设计(作图题),建筑物理与建筑设备,建筑技术设计(作图题),单科滚动周期为 8 年。

一级注册建筑师考试合格成绩有效期为 8 年,在有效期内全部科目合格的,由省(区、市)人力资源和社会保障剖门颁发中华人民共和国一级注册建筑师执业资格证书。持有有效期内的注册建筑师执业资格证书者,即具有申请注册的资格,未经注册,不得称为注册建筑师,不得执行注册建筑师业务。一级注册建筑师的注册工作由全国注册建筑师管理委员会负责。

二级注册建筑师考试合格成绩有效期为 4 年,考试内容包括建筑构造与详图(作图题),法律、法规、经济与施工,建筑结构与设备,场地与建筑设计(作图题)。二级注册建筑师的建筑设计范围只限于承担国家规定的民用建筑工程等级分级标准三级(含三级)以下项目;五级以下项目,允许非注册建筑师进行设计。二级注册建筑师的注册工作由各地注册建筑师管理委员会负责。

(2)报考条件

报考全国一级注册建筑师资格考试需满足下列条件。

①专业、学历及工作时间按表 2-1 的要求执行。

表 2-1　报考全国一级注册建筑师资格考试需满足专业、学历及工作时间条件表

专业	学位或学历		取得学位或学历后从事建筑设计的最少年限
建筑学建筑设计技术(原建筑设计)	本科及以上	建筑学硕士或以上毕业	2 年
		建筑学学士	3 年
		五年制工学学士或毕业	5 年
		四年制工学学士或毕业	7 年
	专科	三年制毕业	9 年
		两年制毕业	10 年
相近专业	本科及以上	工学博士	2 年
		工学硕士或研究生毕业	6 年
		五年制工学学士或毕业	7 年
		四年制工学学士或毕业	8 年
	专科	三年制毕业	10 年
		两年制毕业	11 年
其他工科	本科及以上	工学硕士或研究生毕业	7 年
		五年制工学学士或毕业	8 年
		四年制工学学士或毕业	9 年

注:(1)根据《中华人民共和国注册建筑师条例实施细则》(中华人民共和国建设部令第 167 号)、《普通高等学校本科专业目录》(1998 年版、2012 年版)、《普通高等学校高职高专教育指导性专业目录》(2004 年版)等相关规定,"相近专业":本科及以上为城乡规划(原城市规划)、土木工程(原建筑工程、原工业与民用建筑工程)、风景园林、环境设计(原环境艺术、原环境艺术设计);专科为城镇规划(原城乡规划)、建筑工程技术(原房屋建筑工程)、园林工程技术(原风景园林)、建筑装饰工程技术(原建筑装饰技术)、环境艺术设计(原环境艺术)。

(2)由于教育部专业名称调整及高校自设专业的影响,难以列举所有专业名称。如专业名称不在本表内的,可由考生提供学校专业课程设置、培养计划等材料,按下列情况审核处理:a.主干课程设置及学时与建筑学专业一致,可参照建筑学(工学)、建筑设计技术专业相关规定报考;b.多数主干课程设置及学时与建筑学专业一致,可参照相近专业相关规定报考;c.主干课程设置及学时与相近专业基本一致,可参照相近专业相关规定报考。

②不具备规定学历的申请报名考试人员应从事工程设计工作满 15 年且应具备下列条件之一。

a.在注册建筑师执业制度实施之前,作为项目负责人或专业负责人完成民用建

筑设计三级及以上项目四项全过程设计,其中二级以上项目不少于一项。

b.在注册建筑师执业制度实施之前,作为项目负责人或专业负责人完成其他类型建筑设计中型及以上项目四项全过程设计,其中大型项目或特种建筑项目不少于一项。(说明:民用建筑设计、其他类型建筑设计等级的划分参见国家物价局、建设部《关于发布工程勘察和工程设计收费标准的通知》(〔1992〕价费字 375 号)及《工程设计收费标准(1992 年修订本)》中的工程等级划分部分。)

《全国一级注册建筑师资格考试大纲》

③职业实践要求。按照一级注册建筑师职业实践标准,申请报考人员应完成不少于 700 个单元的职业实践训练。报考人员应向考试资格审查部门提供全国注册建筑师管理委员会统一印制或个人下载打印的一级注册建筑师职业实践登记手册,以供审查。

报考全国二级注册建筑师资格考试需满足下列条件。

①专业、学历及工作时间按表 2-2 的要求执行。

表 2-2　报考全国二级注册建筑师资格考试需满足专业、学历及工作时间条件表

	专业	学历	取得学历后从事建筑设计的最少年限
本科及以上	建筑学	大学本科(含以上)毕业	2 年
	相近专业	大学本科(含以上)毕业	3 年
专科	建筑设计技术(原建筑学、原建筑设计)	毕业	3 年
	相近专业	毕业	4 年
中专	原建筑学、原建筑设计技术、原建筑设计	四年制(含高中起点三年制)毕业	5 年
		三年制(含高中起点二年制)毕业	7 年
	相近专业	四年制(含高中起点三年制)毕业	8 年
		三年制(含高中起点二年制)毕业	10 年
	原建筑学、原建筑设计技术、原建筑设计	三年制成人中专毕业	8 年
	相近专业	三年制成人中专毕业	10 年

注:(1)根据《中华人民共和国注册建筑师条例实施细则》(中华人民共和国建设部令第 167 号)、《普通高等学校本科专业目录》(1998 年版、2012 年版)、《普通高等学校高职高专教育指导性专业目录》(2004 年版)、《中等职业学校专业目录》(2010 年版)等相关规定,"相近专业":本科及以上为城乡规划(原城市规划)、土木工程(原建筑工程、原工业与民用建筑工程)、风景园林、环境设计(原环境艺术、原环境艺术设计);专科为城镇规划(原城乡规划)、建筑工程技术(原房屋建筑工程)、园林工程技术(原风景园林)、建筑装饰工程技术(原建筑装饰技术)、环境艺术设计(原环境艺术);中专为建筑装饰、建筑工程施工(原工业与民用建筑)、城镇建设、古建筑修缮与仿建(原古建筑营造与修缮)。

(2)由于教育部专业名称调整及高校自设专业的影响,难以列举所有专业名称。如专业名称不在本表内的,可由考生提供学校专业课程设置、培养计划等材料,按下列情况审核处理:a.主干课程设置及学时与建筑学专业一致,可参照建筑学专业相关规定报考;b.多数主干课程设置及学时与建筑学专业一致,可参照相近专业相关规定报考;c.主干课程设置及学时与相近专业基本一致,可参照相近专业相关规定报考。

②具有助理建筑师、助理工程师以上专业技术职称，并从事建筑设计或者相关业务3年(含3年)以上。

③不具备规定学历的申请报名考试人员应从事工程设计工作满13年且应具备下列条件之一。

a.在注册建筑师执业制度实施之前，作为项目负责人或专业负责人完成民用建筑设计四级及以上项目四项全过程设计，其中三级以上项目不少于一项。

b.在注册建筑师执业制度实施之前，作为项目负责人或专业负责人完成其他类型建筑设计小型及以上项目四项全过程设计，其中中型项目不少于一项。

（3）考试时间及科目

2020年度全国一、二级注册建筑师资格考试时间及科目见表2-3。

表2-3　2020年度全国一、二级注册建筑师资格考试时间及科目表

级别	考试时间	科目
一级	8:00—11:30(3.5小时)	建筑设计
	13:30—15:30(2.0小时)	建筑经济、施工与设计业务管理
	16:00—18:00(2.0小时)	设计前期与场地设计
	8:00—11:30(3.5小时)	场地设计(作图题)
	13:30—17:30(4.0小时)	建筑结构
	8:00—10:30(2.5小时)	建筑材料与构造
	12:30—18:30(6.0小时)	建筑方案设计(作图题)
	8:00—10:30(2.5小时)	建筑物理与建筑设备
	12:30—18:30(6.0小时)	建筑技术设计(作图题)
二级	8:00—11:30(3.5小时)	建筑构造与详图(作图题)
	13:30—16:30(3.0小时)	法律、法规、经济与施工
	8:00—11:30(3.5小时)	建筑结构与设备
	12:30—18:30(6.0小时)	场地与建筑设计(作图题)

2.1.4　注册建筑师制度的主要作用

通过注册建筑师制度与行业管理的有机结合，落实教育评估标准、职业实践标准、考试标准和继续注册标准，发挥市场的调节作用，其主要目的是促使行业整体水平提高。

（1）实行注册制度对青年建筑学子成才提出了明确的标准

青年建筑学子要成为一名注册建筑师，从接受专业化的高等教育开始，就要达到国家规定的专业教育标准。毕业后还需要接受全过程的职业实践培训数年，然后通过国家统一考试并在设计单位注册，才能取得注册资格。注册资格也并非终身

制,随着建筑科学技术的不断发展,建筑师在取得注册资格后,还要参加每年的继续教育,持续更新知识,提高技术水平,接受定期复核。

(2) 实行教育评估,改进教学,为专业人才培养创造条件

建筑学专业教育评估工作是对该专业的办学条件、培养体制、教学过程、教学成果进行的专项评价,对于规范和改进我国高等学校建筑学专业教育过程和教育标准,提高建筑学专业毕业生的质量,促进注册建筑师执业注册制度的建立和发展发挥了重要作用(图 2-3)。教育评估是注册制度的重要组成部分,通过这一手段能够有效地解决教学标准与实际用人需求相脱离的问题。

图 2-3　高校建筑学专业接受全国高等学校建筑学专业教育评估

(3) 明确执业人员的权责和义务,加强权责义务与执业品质的相互统一

按照注册制度规定,只有经过注册的建筑设计人员,并且受聘于一家有设计资质的设计单位,才能由单位安排承接建筑设计任务;所完成的设计图纸必须由负责该项目的注册建筑师签字,并加盖执业专用章方为有效。如果因设计质量问题造成了经济损失,不仅由设计单位赔偿,设计单位还有权向相关的注册建筑师追究连带责任,从而把设计质量和经济责任同建筑师个人联系到一起,使设计质量和水平得到了根本保障。

(4) 通过注册人员年检与单位资质管理相结合的方式,规范建筑市场秩序

在规范市场秩序的执业管理方面,无论是规划、设计等建设行政主管部门在组织审查上报的概念方案、初步设计和施工图设计图纸,还是建设行政主管部门到设计单位开展年度设计质量大检查时,均要求核查该设计单位的注册建筑师在图纸上签字和使用执业专用章以及人证合一的情况,从而在一定程度上有效杜绝无证挂靠、越级承揽任务、私下拉人搞设计等长期存在的市场违规现象。

2.2　国外建筑师注册制度简介

2.2.1　美国建筑师职业概况

(1) 美国注册建筑师制度概况

美国于 1919 年成立了"全国注册建筑师委员会"(National Council of Architectural Registration Boards,NCARB),它是一个非营利法人。NCARB 的主要职能是颁发认定证明,包括人员教育、人员实习、考题的拟定、制定样板法律由各州进行选择性执行、发放证书等工作。NCARB 根据满足一定资格条件者的申请,把申请者所受的教育、训练、考试及和注册有关的内容整理或记录,发给申请者,作为对各州委员会或外国注册机关的证明,说明该人已经符合 NCARB 的认定条件(图 2-4)。尽管申请 NCARB 证书完全是自愿的,但上述证明不是各州委员会所有的注册建筑师都能得到,还必须满足 NCARB 规定的资格条件。专业人员符合注册建筑师或注册工程师条件并取得全国资格证书后,即可申请注册。

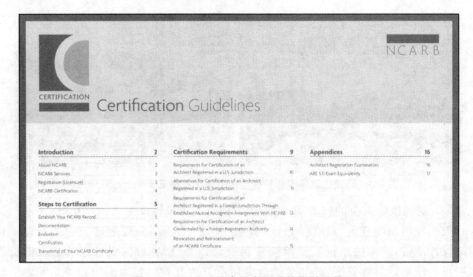

图 2-4　NCARB 颁发认定证明的指引目录

美国的执业资格确认和注册管理由各州的注册委员会负责,不存在全国通行的注册许可证,在一个州得到注册可以在该州执业,但到另一个州去执业需要再得到另一个州的注册。美国各州法律一般都规定了注册建筑师具有如下的主要权利:只有注册建筑师可以从事建筑业务和使用"建筑师"职业名称;注册的建筑师可以和不是建筑师的人组成合作体共同完成业务,还可以担当企业法人。同时具有如下义务:按州法规定诚实地完成业务;在完成的设计图纸、说明书或其他文件上署名,并记入执照编号。美国各州都规定设计公司必须有 1 个以上的持有注册执照的人员。美国的建筑设计公司一般申请人是公司的拥有人,或者申请人本身不是建筑师,但雇用至少 1 名注册建筑师来申请。有的州要求建筑设计事务所的拥有人必须全部是注册建筑师。

美国的建筑师注册制度是世界上建立最早、最完善的建筑师注册体系之一,主要包括专业教育、实习经验、注册考试、注册登记、继续教育 5 个环节。政府机构和相关职业团体在各个环节分工明确,并制定了详尽的规章制度。

专业教育方面,获得美国建筑教育评估委员会认证(National Architectural Accrediting Board,NAAB)的建筑学学位,或者满足美国建筑师注册委员会建筑教育标

准（主要针对外来建筑师）是成为注册建筑师的基本要求。对建筑学专业学位教育
机构的评估认证是由美国建筑教育评估委员会负责和实施的。NAAB 拥有一套成
熟的评估标准，参与评估的院校以自愿为原则，接受 NAAB 对其院校服务与运作进
行评估（图 2-5）。目前全美已通过 NAAB 认证的建筑学专业教育评估项目共有 150
余个，分布于全美 125 所院校。

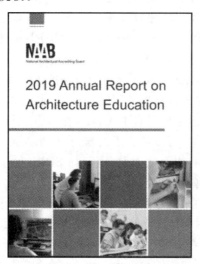

图 2-5　NAAB 2019 年建筑学教育年度报告封面

实习经验方面，NCARB 规定，在参加建筑师注册考试之前，申请人必须在注册
建筑师的监督下获得一定经验，并建立了建筑师实习计划，帮助申请人积累和记录
实习经验。美国建筑师注册委员会允许申请人从高中毕业后即参与建筑师实习
计划。

注册考试方面，尽管美国各州的建筑师管理机构对注册登记的要求不尽相同，
但是全部 55 个司法管辖区（州或领地）的管理机构都要求候选人参加并通过建筑师
注册考试（architectural registration exam，ARE）。ARE 考试由 NCARB 组织和举
办，考试科目与时间如图 2-6 所示。ARE 考试依据当前建筑师的职业要求，检验候
选人独立执业的能力。

DIVISION		NUMBER OF QUESTIONS	TEST DURATION	APPOINTMENT TIME
PcM	Practice Management	80	2 hr 45 min	3 hr 30 min
PjM	Project Management	95	3 hr 15 min	4 hr
PA	Programming & Analysis	95	3 hr 15 min	4 hr
PPD	Project Planning & Design	120	4 hr 15 min	5 hr
PDD	Project Development & Documentation	120	4 hr 15 min	5 hr
CE	Construction & Evaluation	95	3 hr 15 min	4 hr
			21 hr	25 hr 30 min

图 2-6　ARE5.0 考试科目与时间

注册登记方面,美国建筑师的执业许可由各州的建筑师管理机构负责审核颁发。在完成专业教育、实践经验、注册考试并达到其他相关要求后,候选人即可向其参加 ARE 考试时选定的州建筑师管理机构申请首次注册登记和执业许可。各州对首次注册的要求不尽相同,但基本上都会对申请人的教育背景、实践经验、注册考试结果进行审查,通过 NCARB 官网可以查询不同司法管辖区的注册登记要求。

继续教育方面,各州颁发的建筑师执业许可需要定期更新,更新周期 1 至 5 年不等,其基本条件是完成继续教育学时的要求。NCARB 的推荐标准是注册建筑师需每年完成 12 个继续教育学时,主要是学习公众健康、安全与福利的相关知识。

(2) 美国建筑设计事务所的基本情况及市场准入管理制度

美国约有 10000 家建筑设计事务所(公司),其中约 85% 的建筑设计事务所在 6 人以下,最小的建筑设计事务所只有 1 人,最大的建筑设计公司(HOK 公司)有 1800 人。建筑设计事务所(公司)可以是合伙人制公司、私人公司、专业公司、有限责任公司等多种形式,还可以是有限合伙人制公司(如 SOM 公司)。有限责任公司占大多数,无限责任的合伙人制公司很少。

美国实行注册人员的个人市场准入管理制度,对单位不实行准入管理,即只有经过注册并取得注册建筑师、注册工程师执业资格证书后,方可作为注册执业人员执业,并作为注册师在图纸上签字。如果一个人已经申请拿到建筑师执照,他就可以申请注册建筑师事务所。美国允许个人承接任务,成立公司后,即使 1 人也可以设计,承接任务范围没有限制,承接任务时需签订合同,技术文件须由注册人员签字。美国没有统一的建筑师法,50 个州和 4 个领地及华盛顿特区等 55 个地区分别制定建筑师法。

美国各州对设计公司的性质要求也不一样,有些州还有一些特殊的规定。如纽约州规定,设计公司必须是合伙人制公司而不能是有限公司。有的州规定成立有限责任设计公司,其公司必须有一半以上的人持有注册执照,同时还必须有结构师、景观师等专业人员;新泽西州规定有限责任设计公司拥有者必须 100% 拥有设计执照。

(3) 美国的建筑设计市场情况和对外国设计公司的市场准入管理

美国以外的公司可以通过以下两种途径进入美国。一是向美国有关政府部门申请设计执照后,以本公司名义在美国境内承接设计任务。国外的设计公司申请执照时是以个人名义申请的,但具体从事设计活动时,有些州要求必须在当地成立企业。二是外国公司和美国咨询设计企业联合设计。美国的概念设计不要求必须由注册建筑师签字,但是除概念设计外的图纸必须由注册建筑师签字。概念设计的深度一般都遵守美国建筑师学会(AIA)的规定,一般美国的建筑工程设计有方案设计(或概念设计)、初步设计、施工图设计、施工验收等方面的规范。美国政府部门依法对设计进行以下几方面的审查:①是否按规划要求设计;②使用性质是否改变,如是否存在商场改为医院等情况;③消防审查。外国公司通过跨境交付的方式设计美国的项目,如果没有取得美国注册建筑师执照的人员在图纸上签字,是违反美国法律的。

美国允许外国建筑师以个人身份在美国承接业务,要求同本国注册建筑师一样,外国建筑师首先应取得美国全国委员会资格证书,再到各州注册。注册时,还要根据各州的规定,通过本州的特定考试,取得由州颁发的注册许可后,才可承接任务。美国对未取得注册资格的人员进入市场是有限制的,只允许他们作为设计顾问,而没有注册建筑师的图纸签字权。

2.2.2　英国建筑师职业概况

(1) 英国注册建筑师制度概况

英国皇家建筑师协会是使用英国管理建筑师注册制度的机构(图 2-7)。与美国不同的是,它是一个相对"民间"的组织,是行会性质的,不属于官方。作为以培养职业建筑师为目标的英国建筑教育体系与英国的注册建筑师的考试体系之间有一定的对应关系。在英国要想取得注册建筑师资格,必须逐级通过三部分职业教育考核,即 Part 1、Part 2、Part 3。

图 2-7　英国皇家建筑师协会标志

首先,经过由 RIBA 和建筑师注册委员会(Architects Registration Board,ARB,图 2-8)认可的至少 3 年的建筑学本科教育,授予文学学士(bachelor of arts)学位和 RIBA Part 1资格。然后,若本科成绩达到一定水平,学生到设计单位实习至少 1 年后,可继续第二阶段为期 2 年的学习,取得建筑学学士(diploma in architecture)学位和 RIBA Part 2资格。以上两级学位每年均由本校考官及 RIBA 认可的校外考官依次考核。最后,在取得 RIBA Part 2 资格并至少工作 12 个月,且实习和工作总时间累积超过 24 个月后,方可参加 RIBA Part 3 资格考试(图 2-9)。在考试之前所有考生须先上十几天的建筑师职业培训课程,主要是关于建筑师职业知识、建筑管理、法规和个案分析等。课程由 RIBA 和 ARB 与一些大学共同组织操作,由考生工作单位的资深建筑师和校方的课程主任分别担任实践和理论的导师,通过与否取决于课程作业、工作记录、案例分析、自我评述和导师意见,以及最后的开卷考试和答辩。通过 RIBA Part 3 资格考核,即可获得英国皇家注册建筑师资格证书。

(2) 英国建筑设计事务所的基本情况及市场准入管理制度

近 20 年英国建筑市场的一个重要变化是,20 年前建筑市场的业主多是中央政府,而目前多是地方政府或私人发展商。目前,英国的建筑市场非常活跃。根据

图 2-8　英国建筑师注册委员会

图 2-9　RIBA 举办 Part 3 资格考核

RIBA项目登记统计,2004 年英国共有 4189 家建筑设计企业。跟美国类似,英国的建筑设计公司多数规模不大,90％以上的公司不超过 6 人,40 人以上的只占 1％,但比较大的设计公司却集中了英国 20％以上的建筑师。近 20 年,私人(合伙)的设计公司和私人设计师逐渐主导了英国的建筑市场。在英国的建筑设计企业中,合伙企业(partnership)及有限合伙人制公司(liabilities partnership)占企业总数的 40％;个人公司或个人从业者(sole practitioner)占 30％;私人有限公司(private limited company)占 29％;公共有限公司及上市公司(public limited company)占 1％。其中,有限合伙人制公司是近年来开始流行的企业形式,在 15 年前还不允许有这种性质的企业成立。

英国法律并不要求在建造建筑物时必须雇用建筑师。也就是说,在英国没有关于谁可以做设计、谁不能做设计的规定,任何人都可以做设计,也可以在图纸上签字。一名建筑师即使没有受雇于任何一家设计公司,也没有成立自己的公司,投资人也可以将项目委托给他进行设计。但是只有经过注册取得注册建筑师资格的人员,才能被称为"建筑师"。没有注册的设计人员可以称自己为建筑设计技术人员、咨询人员,但不可以称自己为"建筑师","建筑师"的称谓受到法律保护。这不同于欧盟的有些国家,如法国规定只有建筑师可以在图纸上签字。英国十几年前规定不允许建筑师开公司,建筑设计事务所必须采用合伙人制。但现在政府不再限制建筑设计企业必须采用何种企业性质,而是由企业自主选择。对私人设计公司的股东也没有限制,技术人员和非技术人员都可以成为股东。但是,在英国注册私人公司手续较为烦琐,英国企业注册管理部门"企业处"(Companies House,图 2-10)对注册私人公司的办公地点、人员配置、财务状况等各方面进行严格审核,经营范围也在申报时必须确定,而且经营范围会受到限制。

另外,规定私人公司设立时,必须配有两名以上的可对公司负责的负责人员(类

图 2-10 Companies House 图标

似于法人代表),但这两名负责人可以是技术人员、财务人员,也可以是一般的管理人员,并无特殊规定。合伙制企业设立手续相对简单,且经营范围灵活不受限制(如既可以做设计,也可以经营机械设备等),但有较大的责任风险。企业设立有限责任性质的建筑设计公司时,同设立其他公司一样,没有任何特别的规定,成立有限责任公司或有限合伙人制公司也必须在"企业处"注册。从法律责任上讲,私人公司由公司法人承担责任;合伙公司责任要落实到合伙人中每一个人,个人私人财产也连带赔偿;私人有限公司是以公司的资产部分赔偿;有限合伙人制公司是采用合伙人和有限责任相结合的一种企业,在这种形式下,如果企业出现问题,由图纸上签字的合伙人承担法律(刑事)责任,其他合伙人不承担刑事责任,由公司承担经济责任,全体合伙人按照占有公司的股份的数额来享受收益及分担赔偿金额。

(3) 英国的建筑设计市场情况和对外国设计公司的市场准入管理

近 10 年,英国私人住宅价格一路飙升,他们希望通过协助政府多建住宅来达到降低房价的目的。因此,英国开展了 10 年重建计划,发展住宅和政府工程建设。RIBA 组织了多家建筑设计公司联合开展大型项目的设计,小型项目则由各公司承担(图 2-11)。

英国对外国公司和个人在英国从事设计活动基本没有准入限制。同英国国内的企业一样,在英国限制的是对建筑师头衔的使用,即必须得到建筑师注册委员会的注册才能使用。外国公司进入英国建筑设计市场,既可以在英国成立企业,也可以以自身名义承接英国设计任务,还可以与英国公司合作。外国设计人员只要取得工作签证,就可以在英国进行设计。外国公司可以通过跨境交付的方式提供最后的设计文件。

2.2.3 德国建筑师职业概况

(1) 德国职业建筑师制度

德国的职业建筑师政策由联邦建筑师协会(Bundes Architekten Kammer,BAK,图 2-12)负责制定,包括建筑师的培养、注册,事务所的组织方式、收费方式及设计项目的承接方式等。在德国要想成为一名职业建筑师,一般来说首先必须有有效的建筑学专业学位。这种学位可由两种学校获得:一是工业大学,二是技术学院。

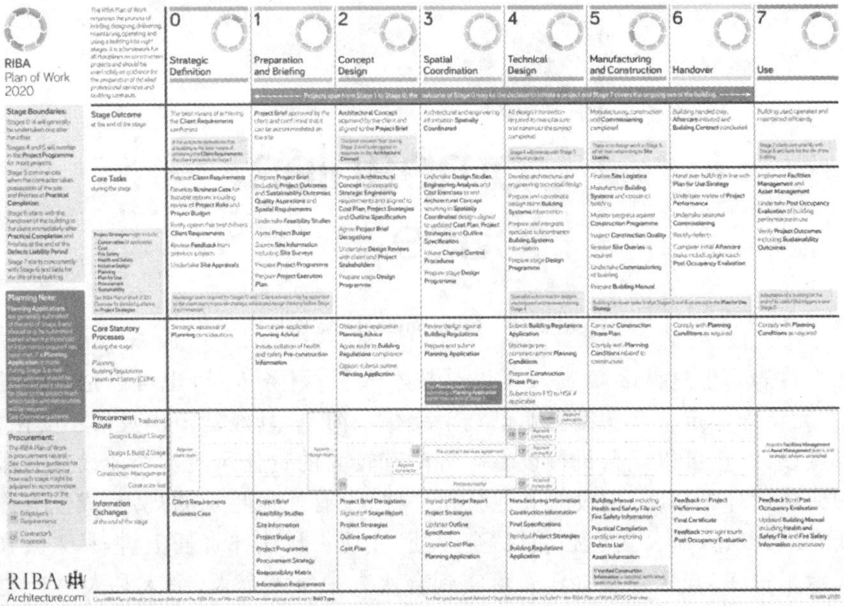

图 2-11　RIBA 2020 工作计划（工作计划是 RIBA 引导企业按流程进行设计和建造的模型）

学生在德国读书不用交学费，医疗保险也便宜，加之学习年限和年龄限制不严，故普遍读书时间较长（6 年左右）。毕业生获得建筑学专业学位后，必须在建筑设计事务所实习 3 年。这 3 年需从事与建筑师业务相关的各项业务，如建筑设计、城镇规划、不少于 6 个月的施工图设计（含细部设计）和不少于 6 个月的编制设计文件及施工监理，且 3 年实习必须得到事务所的证明。完成上述两个阶段的学习和工作实习后，无须经过特别考试，该毕业生便可被吸收为联邦建筑师协会正式成员，同时自然成为注册建筑师。对未经过上述正规学习而从业的自学成才者，联邦建筑师协会设有特别考试。考试较难，且对应试者的资历有明确规定：应试者必须从事建筑设计实践工作达 10 年并从事过建筑设计工作的全过程。若能通过此项考试，也可以被接受为联邦建筑师协会会员并同时加入注册建筑师的队伍。

图 2-12　德国联邦建筑师协会图标

德国是个联邦国家,联邦建筑师协会实际上由 16 个州的建筑师协会组成(图 2-13)。建筑师工作生活的地方决定了其申请进入哪个州的建筑师协会,每个州的建筑师协会的进入要求都有所不同,但总体流程相差不大。在德国,作为职业名称的"建筑师"称号是受法律保护的,只有在各州建筑师协会注册过的建筑师才能以建筑师的身份进行执业活动(能在图纸上盖章并有资格监督领导整个工程的进行)。与此相对应的规定是:只有注册建筑师才被允许设计建筑,只有建筑师签字的图纸才可以得到城市和区域政府专业管理机构的受理和批准。成为注册建筑师以后,便可以申请开设自己的私人建筑设计事务所,也可与他人合伙开设建筑设计事务所。一些未注册的人士如今也有开设私人事务所或设计室的,如常常有些年轻人开有设计事务所并自称为"策划师"(planner),但他们不能从事建筑的工程设计,因这一类设计是由政府专门机构严格进行管理的。

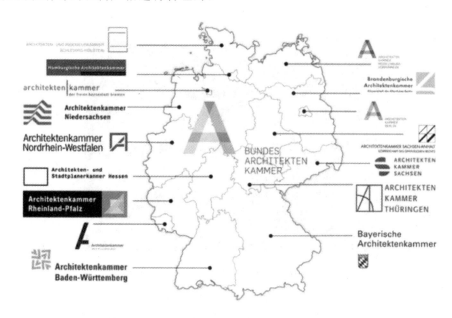

图 2-13　德国各州建筑师协会及其图标

(2) 德国建筑设计事务所的基本情况

在民主德国曾有国营建筑设计院(architektur kollektive),东、西德统一后便全部改为私人建筑设计事务所。除此之外,还有一些政府设计机构,如城镇建筑部(urban construction department)、大学建筑部(university department of architecture),但一般来说这些政府设计机构主要做些维修设计工作,在绝大多数建造新建筑的场合,这些部门基本上都是扮演甲方的角色,而承担设计工作的大多仍为私人设计事务所。有些大公司(如西门子、奔驰公司等)也有其下属的设计部,主要从事维修设计,有的也从事可行性研究和项目开发设计,但前提是在该部门从事建筑设计的工作人员必须是注册建筑师。

德国的许多事务所是由"明星"挂帅的,如贝尼希(Behnisch)事务所以承接 1972

年慕尼黑运动场馆而闻名于世(图 2-14),G. 博姆(G. BOHM)事务所以承接贝尔基希、哥莱得巴哈市政厅而闻名,M. 翁格尔斯(M. Angles)事务所在法兰克福莱茵河畔设计了大量博物馆等。这些事务所以建筑师为核心,以其姓名命名,以其天才的设计及良性循环的知名度揽取业务,成员随项目的增减而临时调整。由于德国大学教授是国家公职人员,有固定编制,这种体制为明星建筑师们提供了既做事务所"掌门人",又做大学教授的可能。在德国 20 个大型建筑设计事务所中,有 11 个是由著名教授开设的。另外,德国大学教育十分注重实际,要求教授岗位竞争者首先成为一名优秀的建筑师,然后才有可能成为大学教授。德国也有许多非明星的事务所,这种事务所通常由若干名建筑师合开,起一个中性的名称,如"Atelier 5"事务所便是于 1955 年由 5 名建筑师联合创办的,到如今已发展成为 16 个合伙人,并长期雇有 5至 6 名雇员。这样的事务所很多,他们勇于走自己的路,绝不跟随或模仿任何建筑流派、风潮,他们活跃于欧洲市场,名声卓著。

图 2-14　由贝尼希事务所设计的慕尼黑奥林匹克体育场

一般的建筑事务所仅有建筑设计专业,他们与甲方签署建筑设计合同,而结构工程师和其他顾问工程师则直接与甲方签署与其工种相应的设计合同。建筑事务所和建筑师扮演"总指挥"的角色,协调参与工程的所有工种和所有的人。随着欧洲统一进程的发展和经济的全球化,设计业务呈现向综合性、大设计公司集中的趋势,因此那些一般规模的事务所(3 至 5 名雇员)较难接到项目委托。许多大型业务的业主通常是企业、事业单位、投资银行、发展商,他们倾向将全部工作交由一个大型事务所完成。这意味着甲方希望由乙方完成除施工以外的全部工作,即从概念构思设计、施工图设计(包括结构、电、给排水、设备等),到现场监理和造价控制,所有的工作均集中于一个综合事务所。建筑师的工作通常还包括室内细部设计,做这部分工作时,因细部多、施工图复杂,收费会略高些。

(3) 德国建筑设计市场概况

德国设计界始终保持开放与竞争的传统,其建筑市场对世界开放较早。著名的魏玛工艺美术学院(包豪斯前身)的创始人便是著名建筑师瓦尔特·格罗皮乌斯

(Walter Gropius,1883—1969)。现代建筑运动至今,世界各国许多著名建筑师在德国留下了他们的作品。早期的威森霍夫住宅区设计,第二次世界大战之后的 IN-TERBAU(国际住宅展览会)均有众多外国建筑师参加,20 世纪 50 年代后期 IBAST(柏林国际住宅展览会)及德国统一后的柏林城市设计更是吸引了全世界的明星建筑师。与美国不同,德国的设计委托绝大部分是通过竞赛产生的,众多的竞赛既为业务的质量提供了保证,也为年轻的建筑师提供了平等竞争的舞台。有的竞赛规定只有注册建筑师方可参加,也有的竞赛不限制参赛资格,这类竞赛以概念设计为多。有意见认为过于依赖竞赛,劳民伤财,许多人认为选择易于合作的建筑师比单纯通过竞赛选方案更有意义。但意见归意见,竞赛仍是主流。

德国建筑设计收费较高,一般在投资额的 5%以上,费率视建设规模大小和难易程度有所调整,但建筑师的责任也较大。德国建筑师法明确规定:私人事务所对其工作永远是负有全责的。因此,德国建筑师工作极其认真,不仅对方案,还对节点、构造细部等都仔细推敲,杜绝疏漏。另外,他们还不得不支付数额巨大的保险费,以防不测。

2.2.4 日本建筑师职业概况

(1)日本职业建筑师制度

日语中以"建筑家"和"建筑士"来区分一般意义的建筑师和职业的建筑师,"建筑士"特指职业的注册建筑师。日本十分重视建筑师、工程师的立法工作,有十分完备的建筑师、工程师法律体系,并且真正做到严格依法办事。日本于 1950 年 5 月 24 日颁布实施了《建筑士法》,并随实际情况的变化进行修改。《建筑士法》规定,日本建筑士分为一级建筑士、二级建筑士和木结构建筑士。与《建筑士法》相配套,日本还制定了《建筑士法施行令》(1950 年 6 月 22 日政令 201 号)、《建筑士法施行规则》(1950 年 10 月 31 日建设省令第 38 号)等法规。日本于 1973 年制定了《技术士法》,与《技术士法》相配套制定了《技术士法施行令》(1973 年)、《技术士法施行规则》(1974 年)、《技术士审议会令》等法规。几十年来,日本正是根据这些法规,不断健全和完善日本建筑师、技术士的注册制度。

日本对于建筑师的资质审核非常严格,政府每年组织一次建筑师考试,报考者都需要有专业教育背景和实践经验(图 2-15)。考试科目分为设计知识和设计制图两类,只有设计知识考核合格后,方可参加 2 个月后举行的设计制图考试,两项考试均合格后,方能取得建筑师资格,通过国家考试取得建筑师资格后终身有效。

(2)日本建筑设计事务所的基本情况

日本全国的建筑设计多由建筑设计事务所承担,大企业及政府机关设有建设部门,主要是参与规划、监督等业务,提要求、审查方案、参加验收、组织投标等工作,不从事设计工作。日本的建筑设计事务所根据日本建筑家协会制定的《建筑设计监督业务法》规定为个人经营,所以建筑设计事务所全部为民间组织(图 2-16)。《建筑设计监督业务法》内容主要包括:建筑设计事务所的开设者只限于建筑士;以建筑设

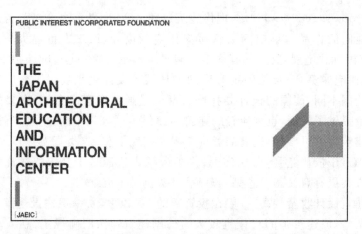

图 2-15　日本建筑师考试管理机构：日本建筑教育和资料中心（JAEIC）

计、监理为专业者，不得兼营建设业材料制作及贩卖业；明确保持监理业务的第三者客观性立场；建筑设计事务所为个人主办经营或为建筑设计监理法人。根据监理业务法的规定，政府和国营或地方公家均不能成立建筑设计事务所，都是私营的，而且负责人都是建筑士。一级建筑士经营的为一级建筑士事务所，二级建筑士经营的为二级建筑士事务所，对二级建筑士事务所承担任务有一定的限制。一级建筑士必须通过国家级考试，由建设省授予资格证书。二级建筑士则通过都、道、府、县的考试，即省一级的考试。

图 2-16　日本东京都建筑士事务所协会

　　日本的建筑设计事务所大致分为两类：以建筑师个人为中心的建筑设计工作室和大型综合性建筑设计事务所。前者从业人数较少，各工作室往往只拥有建筑、结构和设备等单独资质，因项目需要各工作室之间灵活配合；后者类似中国的设计院，从业人数较多，事务所内部拥有自己独自的建筑、结构和设备设计部门并拥有相关资质，可以独立操作整体的设计项目。建筑设计事务所很多，但人数相差很大，小的两三人，大的 2000 多人。全国较大的设计事务所有 20 个左右，如日建设计株式会社就是其中的代表性企业，截至 2020 年 4 月，其员工总数为 2886 人，包括一级注册建筑师 1170 人，二级注册建筑师 170 人（图 2-17）。

　　（3）日本建筑设计市场概况

　　建筑业是日本国民经济的支柱产业之一，日本的建筑市场高度发达而又保守、封闭。泡沫经济破灭后，日本政府和民间对建筑业投资减少，建筑市场的规模呈缩小态势，行业内竞争日趋激烈，处于优胜劣汰的大转换期。日本建筑业的管理机制

图 2-17　日建设计株式会社网页

为纵向管理体制,由中央政府和各地方(都、道、府、县)垂直管理。国家的主管部门是国土交通省,负责制定关于建设施工、不动产、宅地、劳动资材等的基本政策,颁布具体行业政策和标准以及国土规划、开发等。下设日本建设中心、日本建设业团体联合会、日本建筑学会、日本建筑家协会、日本土木工业协会等行业团体和研究机构,负责具体行业标准的制定及行业自律。

　　日本的建筑市场以排外著称。长期以来,日本的不动产业、建筑设计业、建筑公司、建材生产厂家、承包转包建筑队及用户间相互依赖、相互渗透,形成了一个完整的封闭体系。行业自我封闭、自我保护色彩强烈,具有一套完整的建筑行业法规体系,手续繁杂,条件苛刻,外界及外国企业很难进入。20 世纪 90 年代中期,迫于美国的压力及 WTO 政府采购协定的生效,外资企业获得许可后可进入日本建筑市场,但是外资企业实际上并不能独自承包工程和大量进口使用本国建材,因此业务范围局限于建筑设计等相关产业。

2.2.5　国外注册建筑师制度主要共同特点

　　国外不同国家的法律法规与工程管理体制均有所差异,因此各自形成的注册建筑师制度下的执业资格和注册管理也存在着不同的做法。但总体而言,目前在执业资格标准方面国外许多国家在国际建筑师协会的带动下已形成了一些基本共识,并大致体现为以下几方面的主要共同特点。

　　①强化专业学历教育的重要地位,明确以教育标准作为申请执业资格的先决条件,形成对建筑学专业院校的评估制度,帮助完善专业院校的教育改革,借此作为实施注册建筑师制度的关键环节。

　　②规范执业资格的获得途径,一般以考试的方式进行评定,如美国注册建筑师资格考试、日本注册建筑师资格考试和英国皇家建筑师协会三部分职业教育考核等,申请在注册机构进行注册还要满足注册机构的补充测试等其他要求。

　　③重视实践培训的基本要求,从符合教育标准的学校毕业到参加资格考试,都要先经过一定时间的与专业相关的职业实践训练,美国规定至少 3 年的实践训练期,英国规定至少 2 年的实践训练期,并需要完成训练记录册等。

　　④加强注册管理的有序执行,由指定注册机构实施注册管理,受理注册申请并

定期收取注册费,以注册簿方式登记并公布在册建筑师,配合办理延续或变更注册,制定连续性的继续教育要求,落实查处违反职业道德的违纪行为,并根据相关规定进行注销注册。

⑤通过法律手段对注册人员的执业进行保护,强制要求业主和设计企业完备设计保险和工程担保,促使设计企业的信用与担保和保险费的高低形成直接关系,将企业责任作为工程基础,由企业承担包括赔偿等最基本的民事责任。

⑥充分发挥行业组织在建筑市场准入及市场管理上的作用,许多包括教育评定、技术资格认定、设计质量纠纷裁定等技术及管理性工作,都授权给相关行业组织负责,让行业组织充分发育并在市场中发挥重要作用。

【本章小结】

本章的重要知识点是注册建筑师制度。我国注册建筑师制度部分主要介绍了制度的建立、制度设计与实施、考试概况以及制度的主要作用四个方面,而国外的注册建筑师制度部分则主要介绍了美国、英国、德国以及日本的情况。

【思考与练习】

2-1 我国注册建筑师制度的建立背景是什么?

2-2 我国注册建筑师制度的两大部分构成包括什么内容?

2-3 我国注册建筑师的考试管理和报考条件是什么?

2-4 我国注册建筑师制度的主要作用是什么?

2-5 国外注册建筑师制度的主要共同特点是什么?

第3章 建筑工程设计程序与审批制度

3.1 建筑工程设计程序

建筑工程设计是指设计一个建筑物或建筑群所要做的全部工作,一般包括建筑设计、结构设计、设备设计、工艺设计等几个方面的内容。按《建筑工程设计文件编制深度规定(2016年版)》的相关规定,建筑工程一般应分为方案设计、初步设计和施工图设计三个阶段。对于技术要求相对简单的民用建筑工程,当有关主管部门在初步设计阶段没有审查要求,且合同中没有做初步设计的约定时,可在方案设计审批后直接进入施工图设计阶段。而有些复杂的工程项目,还需要在初步设计阶段和施工图设计阶段之间插入技术设计阶段。对于一般工业建筑(房屋部分)工程设计而言,设计文件编制深度应符合有关行业标准的规定。

3.1.1 设计前的准备工作

建筑设计是一项复杂而细致的工作,涉及的学科较多,同时受到各种客观条件的制约。为了保证设计质量,设计前必须做好充分准备,包括熟悉设计任务书、广泛进行调查研究、采集项目相关大数据等。

(1)熟悉设计任务书

设计任务书是经上级主管部门批准后提供给设计单位进行设计的依据性文件,一般包括建设基地情况、建设项目总体要求、建设项目内容组成等七个方面的内容(表 3-1)。

表 3-1 设计任务书主要内容组成列表

序号	主要内容
1	建设基地大小、形状、地形,原有建筑及道路现状,并附基地线测图(明确建筑红线)和地形图(明确竖向高差)
2	建设项目总体要求、用途、规模及一般说明
3	建设项目内容组成,单项工程的面积、房间组成、面积分配及使用要求
4	建筑材料和设备的使用要求
5	建筑电气、供水、采暖、空调通风、消防等设备方面的要求及条件
6	建设项目的总投资、单方造价以及投资分配比例
7	设计期限及项目建设进度计划安排要求

在熟悉设计任务书的过程中,设计人员应认真对照有关定额指标,校核任务书的使用要求和面积等内容。同时,设计人员在深入调查和分析设计任务书以后,从全面解决使用功能、满足技术要求、节约投资等方面考虑,可以对任务书中的某些内容提出补充和修改,但必须征得建设单位的同意。

(2)广泛进行调查研究

除设计任务书提供的资料外,设计人员还应对影响建筑设计的有关因素进行调查研究,收集有关的设计资料,其主要内容见表 3-2。

表 3-2   设计前期调查研究主要内容组成列表

调查研究类别	调查研究主要内容
基地情况	地形、地貌、地物、周围建筑、树木现状及各种隐蔽工程等
水文地质	用作地基的土壤类别、承载力、地质构造以及地下水等不良的地质情况
气象条件	日照情况、温度变化、降雨量、主导风向、风荷、雪荷和冻土深度等
市政设施	给排水、煤气、热力管网的供排能力,电力负荷能力等
道路交通	是否有路可通,通行车种及运输能力等
施工能力及材料供应	施工机具的装备程度,施工人员的技术水平和管理水平,能保证材料供应的品种、数量、期限以及地方性材料可利用的情况等

以上资料除部分由建设单位提供和向相关技术部门收集外,其余的还应调查研究。设计人员应调查同类建筑在使用中出现的情况,了解当地传统经验、文化传统、生活习惯及风土人情等,通过分析和总结,全面掌握所设计建筑物的特点和要求。

(3)采集项目相关大数据

建筑师需采集项目相关的大数据,可从功能、形式、经济三个方面采集建筑工程设计前期工作的大数据(图 3-1)。

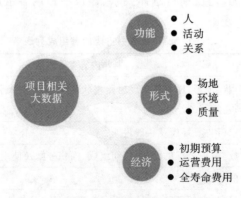

图 3-1   项目相关大数据的主要采集层面

功能类大数据较为常见的是从"人"的层面进行采集。采集人的数据包括两个方面:一个是统计数据,另一个是用户特点。统计数据主要来源于机构数据以及政府公开数据。用户特点主要来源于用户数据,包括用户基于互联网(如新浪微博、大众点评、安居客、搜房网等网站)与建筑有关的交互评论类数据。这类数据是需重点采集的数据,对这类数据进行语义分析和情感计算,能够直接获知终端用户对于建筑项目的感受。

形式类大数据较为常见的是从设计建筑物所在"场地"的层面进行采集,采集的场地数据主要来源于由城市大数据沙盘平台所建构的智慧城市数据,它是对城市的中微观领域的细致分析,在内容上包括场地、参照物以及入口分析等。

经济类大数据主要包括初期预算、运营费用以及全寿命费用三个方面。值得指出的是,初期预算可以通过前期介入,运营费用以及全寿命费用则在很大程度上依赖于同类型建筑的 POE(post occupancy evaluation,使用后评价),从而为项目提供参考与预测作用。

(4)项目调研资料和数据的整理归纳

调研后的资料和数据必须经过整理归纳,才能更好地为设计阶段服务。整理工作可以从建筑项目相关的主要属性出发。例如,建筑是处在某个空间、某个时间的被使用的实体,空间对应建筑的在地性,时间对应建筑的历史性,被使用对应建筑的功能性,实体则对应建筑的物质性。我们可以从以下解释中进一步理解这几种主要属性,如图 3-2 所示。

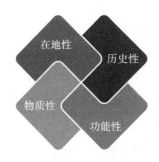

图 3-2 项目相关整理归纳的主要属性

①在地性,是指建筑所处的自然环境,主要包括气候、地形、地质水文等地域条件。南方和北方的建筑之所以在体形和布局上明显不同,受在地性的影响很大。可以说经过自然的选择,每一个地域都沉淀出了独特的建筑智慧,并反映在建筑的性格上。

②历史性,是指建筑所处的人文环境,主要包括城市历史演进的变化方向,可从中提炼一些设计线索。历史性并非在每个设计中都需要重点考虑,但在一些项目里的确需要深入调研,比如历史街区的更新设计项目。

③功能性,是指建筑应对的功能类型。如果项目涉及探讨特定使用方式或行为模式,那么前期准备的调研方法就要量身定制了。

④物质性,是指建筑应对的营造策略。考虑采用当地成熟的建筑材料、建造工

法也是在前期准备中需要留意的,很可能会被转译为一种新的建筑语言以取得文化认同。

除了以上这些建筑自身的属性外,在调研中常常还会再放大一级尺度,从城市的角度去分析场地的交通、密度、肌理、尺度、景观等,这属于用科学分析方法系统梳理工程项目的现状条件。

3.1.2 建筑工程设计各阶段

（1）方案设计

方案设计是供建设单位和主管部门审阅选择而提供的设计文件,也是编制初步设计文件的依据。它的主要任务是提出设计方案,即根据设计任务书的要求和收集到的必要基础资料,结合基地环境,综合考虑技术经济条件和建筑艺术的要求,对建筑风格、总体布置、空间组合进行合理的安排,提出两个或多个方案,供建设单位选择。

方案设计文件一般包括设计说明书（包括各专业设计说明以及投资估算等内容;对于涉及建筑节能、环保、绿色建筑、人防等专业的设计,其设计说明应有相应的专项内容）,总平面图以及相关建筑设计图纸（若为城市区域供热或区域燃气调压站,应提供热能动力专业的设计图纸）,设计委托或设计合同中规定的透视图、鸟瞰图、模型等。

方案设计文件的编排顺序见表3-3。

表3-3 方案设计文件的编排顺序

序号	方案设计文件编排顺序
1	封面:写明项目名称、编制单位、编制年月
2	扉页:写明编制单位法定代表人、技术总负责人、项目总负责人及各专业负责人的姓名,并经上述人员签署或授权盖章
3	设计文件目录
4	设计说明书
5	设计图纸

（2）初步设计

在方案设计完成以后,建筑、结构、设备（水、暖、通风、电气等）、工艺等专业的技术人员应进一步具体解决各种技术问题,经过充分的讨论,合理地解决各专业之间在技术方面存在的矛盾,互提要求,反复磋商,取得各专业的协调统一,并为各专业的施工图设计打下基础。

初步设计文件应具备一定的深度,以满足设计审查、主要材料及设备订购、施工图设计等方面的需要。初步设计文件应包括以下内容。

①设计说明书,包括设计总说明、各专业设计说明。如果涉及建筑节能、环保、

绿色建筑、人防、装配式建筑等,其设计说明应有相应的专项内容。

②有关专业的设计图纸。

③主要设备或材料表。

④工程概算书。

⑤有关专业计算书。

初步设计文件的编排顺序见表 3-4。

表 3-4　初步设计文件的编排顺序

序号	初步设计文件编排顺序
1	封面:写明项目名称、编制单位、编制年月
2	扉页:写明编制单位法定代表人、技术总负责人、项目总负责人和各专业负责人的姓名,并经上述人员签署或授权盖章
3	设计文件目录
4	设计说明书
5	设计图纸(可单独成册)
6	概算书(应单独成册)

(3) 施工图设计

在初步设计得到有关监督和管理部门批准后,即可进行施工图设计。施工图设计阶段主要是将初步设计的内容进一步具体化,把满足工程施工的各项具体要求反映在图纸中,做到整套图纸齐全统一、明确无误。房屋建筑施工图主要包括建筑施工图、结构施工图和设备(包含给水、排水、暖通、空调、电气等)施工图三大专业的施工图,如图 3-3 所示。

图 3-3　房屋建筑施工图的三大专业施工图组成

施工图设计文件由各专业绘制的施工图纸(包括详图)和施工说明组成。施工图设计文件应设总封面,总封面标识内容包括:项目名称;设计单位名称;项目的设计编号;设计阶段;编制单位法定代表人、技术总负责人和项目总负责人的姓名及其签字或授权盖章;设计日期(即设计文件交付日期)。施工图纸和施工说明必须满足建筑材料、设备订货、施工预算和施工组织计划的编制等要求,以保证施工质量和施工进度。施工图设计文件应包括以下内容,见表 3-5。

表 3-5　各专业施工图文件的主要内容与图纸

建筑施工图	表达建筑物的外部形状、内部布置、装饰构造、施工要求等	首页图、建筑总平面图、平面图、立面图、剖面图以及墙身、楼梯、门、窗详图等
结构施工图	表达承重结构的构件类型、布置情况以及构造做法等	基础平面图、基础详图、楼层及屋盖结构平面图、楼梯结构图和各构件的结构详图等(梁、柱、板)
设备施工图	表达房屋各专用管线和设备布置及构造等情况	给水排水、采暖通风、电气照明等设备的平面布置图、系统图和施工详图

①合同要求所涉及的所有专业的设计图纸(含图纸目录、说明和必要的设备、材料表)以及图纸总封面;对于涉及建筑节能专业的设计,其设计说明应有建筑节能设计的专项内容;涉及装配式建筑专业的设计,其设计说明及图纸应有装配式建筑专项设计内容。

②合同要求的工程预算书(对于方案设计后直接进入施工图设计的项目,若合同未要求编制工程预算书,施工图设计文件应包括工程概算书)。

③各专业计算书。

施工图的编排顺序应从整体上来安排,先后顺序如下:①首页图(包括总封面、图纸目录、设计总说明、汇总表等);②建筑施工图;③结构施工图;④设备施工图。各专业施工图的编排顺序如下:基本图在前、详图在后;总体图在前、局剖图在后;主要部分在前、次要部分在后;先施工的图在前,后施工的图在后等。

3.1.3　各阶段内容新变化

为进一步适应建筑工程建设发展需要,确保建筑工程设计质量,住房和城乡建设部印发的《建筑工程设计文件编制深度规定(2016 版)》与 2008 年版规定相比,主要变化包括:新增绿色建筑技术应用的内容;新增装配式建筑设计内容;新增建筑设备控制相关规定;新增建筑节能设计要求,包括各相关专业的设计文件和计算书深度要求;新增结构工程超限设计可行性论证报告内容;新增建筑幕墙、基坑支护及建筑智能化专项设计内容;根据建筑工程项目在审批、施工等方面对设计文件深度要求的变化,对原规定中部分条文作了修改,使之更加适用于目前的工程项目设计,尤其是民用建筑工程项目设计。

其中,新增装配式建筑设计内容反映了我国未来建筑工程设计对装配式建筑的大力推广趋势,主要体现在以下几方面(图 3-4)。

(1)技术策划阶段

装配式建筑工程设计中宜在方案阶段进行技术策划,其深度应符合相关规定的要求。预制构件生产之前应进行装配式建筑专项设计,包括预制混凝土构件加工详图设计。主体建筑设计单位应对预制构件深化设计进行会签,确保其荷载、连接以及对主体结构的影响均符合主体结构设计的要求。

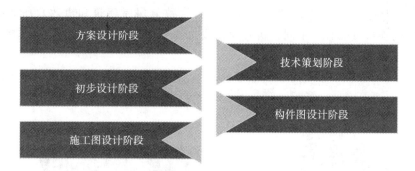

图 3-4　装配式建筑项目在传统建筑项目基础上增加了两个阶段

（2）方案设计阶段

提出装配式建筑技术策划文件的要求。对于设计说明书的内容，分别从建筑设计、结构设计、建筑电气设计、给水排水设计、供暖通风与空气调节设计，给出了装配式设计的具体要求。单项工程综合估算表中指出：采用装配式建造的建筑应根据各地发布的装配式建筑定额进行编制。建筑设计图纸中给出了装配式建筑设计图纸要求。

（3）初步设计阶段

初步设计文件，提出对于涉及装配式设计的，其设计说明应有相应的专项内容。给出了装配式设计要点的综述要求；当项目按装配式建筑要求建设时，应有装配式建筑设计和内装专项说明；设计图纸应表示采用装配式建筑设计技术的内容。设计说明书中对结构、电气、给水排水部分提出了装配式建筑设计相关内容要求。单位工程概算书中指出：初步设计阶段，单位工程概算一般应考虑零星工程费。项目需包含装配式建筑相关的设计、生产、运输、施工安装等费用。

（4）施工图设计阶段

施工图设计文件中分别对设计说明、平面图、立面图给出了相关规定。结构设计总说明中对混凝土结构节点构造详图提出了装配式建筑施工图设计的结构要求。当采用装配式建筑技术设计时，应明确装配式建筑设计电气专项内容、装配式建筑设计给排水专项内容、装配式建筑设计暖通空调专项内容。

（5）构件图设计阶段

对预制构件平面布置图、预制构件装配立面图、模板图、配筋图、通用详图的图纸绘制提出了具体要求。

3.2　建筑工程设计审批制度

3.2.1　建设工程项目审批流程

建设工程项目审批与项目报批是相互对应的工作关系。建设工程项目审批的流程与项目资金来源、投资规模、项目性质(大致分房屋建筑和市政)、所属地区有关,不同的项目可能有所不同。所有项目报批均分为三条主线:立项报批、规划用地报批、专项报批(图 3-5)。

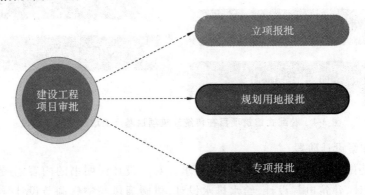

图 3-5　建设工程项目审批对应项目报批的三条主线

(1)立项报批

立项是建筑工程项目开展的前提基础,其主要流程包括:项目启动——项目建议书编制单位招标——编写项目建议书——项目建议书审批。但立项工作的主要目标是为了建筑工程项目真正实施,即建设开工,因此我们有必要从更为完整的立项及后续流程来认知,这个流程包括:项目启动——项目建议书编制单位招标——编写项目建议书——项目建议书审批——可研编写——可研评估——可研审批——设计单位招标——方案设计——方案设计审批——初步设计——初步设计审批——施工图设计——施工图审查——施工许可证——建设开工。

其中,建筑工程设计文件的审批(包括方案设计审批、初步设计审批以及施工图审查)是立项及后续流程主线中的重要组成部分之一。

(2)规划用地报批

规划用地报批是项目报建的另一条重要主线,其主要流程包括:审批后的项目建议书——选址意见书——用地预审测绘——用地预审报批——土地划拨——建设用地规划许可证——勘察定界——用地批准书——建设工程规划许可——土地划拨——建设用地规划许可——后续工作。

(3)专项报批

专项报批也是项目报建的重要主线,但这条主线涉及较多的报批部门,例如环境评价、节能评价、水土保持、地震、地质灾害、防雷等相关报批部门,甚至会涉及用海、通航等报批部门。这些报批工作统称为专项报批,其报批工作的切入点包括如下各项。

①审批后的项目建议书——环评、水保、节能、防洪、地震可研——林地可研、方案设计。

②审批后的方案设计——地质灾害评估、海域使用、海洋环评、通航论证——施

工图送审、施工许可证。

③审批后的初步设计——雷击风险报批——施工图送审。

④施工图设计——施工图审查、防雷审查、消防审查、人防审查——施工许可证。

3.2.2 设计文件的审批

建筑工程设计文件的审批,实行分级管理、分级审批的原则。根据《设计文件的编制和审批办法》(1978 年 9 月 15 日,国家建设委员会),设计文件具体审批权限规定如下(图 3-6)。

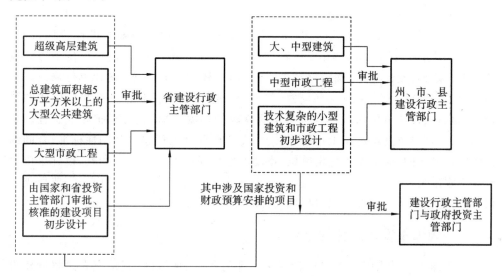

图 3-6 房屋建筑和市政工程初步设计文件(含概算)审批实行分级管理流程图

①大型建设项目的初步设计和总概算,按隶属关系,由国务院主管部门或省、自治区、直辖市组织审查,提出审查意见,报住房和城乡建设部批准;特大、特殊项目,由国务院批准。技术设计按隶属关系由国务院主管部门或省、自治区、直辖市审批。

②中型建设项目的初步设计和总概算,按隶属关系,由国务院主管部门或省、自治区、直辖市审查、批准。批准文件抄送住房和城乡建设部备案。国家指定的中型项目的初步设计和总概算要报住房和城乡建设部审批。

③小型建设项目初步设计的审批权限,由主管部门或省、自治区、直辖市自行规定。

④总体规划设计(或总体设计)的审批权限,与初步设计的审批权限相同。

⑤各部直接代管的下放项目的初步设计,以国务院主管部门为主,会同有关省、自治区、直辖市审查或批准。

⑥施工图设计除主管部门指定要审查者外,一般不再审批,设计单位要对施工图的质量负责,并向生产、施工单位进行技术交底,听取意见。

3.2.3 设计文件的修改

设计文件是工程建设的主要依据,经批准后不得任意修改。根据《设计文件的编制和审批办法》(1978 年 9 月 15 日,国家建设委员会),修改设计文件应遵守以下规定。

①凡涉及计划任务书的主要内容,如建设规模、产品方案、建设地点、主要协作关系等方面的修改,须经原计划任务书审批机关批准。

②凡涉及初步设计的主要内容,如总平面布置、主要工艺流程、主要设备、建筑面积、建筑标准、总定员、总概算等方面的修改,必须经原设计审批机关批准。修改工作须由原设计单位负责进行。

《建设工程
勘察设计
管理条例》

③施工图的修改,必须经原设计单位的同意。《建设工程勘察设计管理条例》(2000 年国务院令第 293 号)第 28 条指出,建设单位、施工单位、监理单位不得修改建设工程勘察、设计文件;确需修改的,应当由原建设工程勘察、设计单位修改。经原建设工程勘察、设计单位书面同意,建设单位也可以委托其他具有相应资质的建设工程勘察、设计单位修改。修改单位对修改的勘察、设计文件承担相应责任。施工单位、监理单位发现建设工程勘察、设计文件不符合工程建设强制性标准、合同约定的质量要求的,应当报告建设单位,建设单位有权要求建设工程勘察、设计单位对建设工程勘察、设计文件进行补充、修改。建设工程勘察、设计文件内容需要作重大修改的,建设单位应当报经原审批机关批准后,方可修改。

3.2.4 施工图设计文件的审查

施工图审查是指国务院建设行政主管部门和省、自治区、直辖市人民政府建设行政主管部门依法认定的设计审查机构,根据国家的法律、法规、技术标准与规范,对施工图涉及公共利益、公共安全和工程建设强制性标准的内容进行的独立审查。它是政府主管部门对建筑工程勘察设计质量监督管理的重要环节,是基本建设必不可少的程序。按规定应当进行审查的施工图,未经审查合格的,建设主管部门不得颁发施工许可证。

2004 年 6 月 29 日,原建设部第 37 次常务会议讨论通过了《房屋建筑和市政基础设施工程施工图设计文件审查管理办法》(以下简称《管理办法》)对施工图审查的要求作出了明确规定。另外,《建筑工程施工图设计文件审查要点(试行)》《岩土工程勘察文件审查要点(试行)》中也分专业规定了施工图审查的范围和要点。

(1)施工图审查的内容

《管理办法》规定,建设单位应当将施工图送审查机构审查。建设单位可以自主选择审查机构,但是审查机构不得与所审查项目的建设单位、勘察设计企业有隶属关系或者其他利害关系。施工图审查应当有经各专业审查人员签字的审查记录,审查记录、审查合格书等有关资料应当归档保存。施工图审查的主要内容见表 3-6。

表 3-6　施工图审查的主要内容

序号	方案设计文件内容
1	是否符合工程建设强制性标准
2	地基基础和主体结构的安全性
3	勘察设计企业和注册执业人员以及相关人员是否按规定在施工图上加盖相应的图章并签字
4	其他法律、法规、规章规定必须审查的内容

（2）施工图审查应提供的资料

建设单位应当向审查机构提供下列资料：①作为勘察、设计依据的政府有关部门的批准文件及附件；②全套施工图。

（3）施工图审查与设计咨询的关系

施工图审查的目的是保护国家财产和人民生命安全，维护社会公众利益，因此，施工图审查主要涉及社会公共利益、公众安全方面的问题。至于设计方案在经济上是否合理、技术上是否保守、设计方案是否可以改进等主要涉及业主利益的问题，属于设计咨询范畴，不属于施工图审查的范围。当然，在施工图审查中如发现这方面的问题，也可以提出建议，由业主自行决定是否进行修改。如业主另行委托，也可进行这方面的审查。

（4）施工图审查机构审查施工图的时限规定

①一级以上建筑工程、大型市政工程为 15 个工作日，二级及以下建筑工程、中型及以下市政工程为 10 个工作日。

②工程勘察文件，甲级项目为 7 个工作日，乙级及以下项目为 5 个工作日。

（5）施工图审查机构审查后的处理规定

施工图审查机构对施工图进行审查后，应当根据下列情况分别作出处理。

①审查合格的，审查机构应当向建设单位出具审查合格书，并将经审查机构盖章的全套施工图交还建设单位。审查合格书应当有各专业的审查人员签字，经法定代表人签发，并加盖审查机构公章。审查机构应当在 5 个工作日内将审查情况报工程所在地县级以上地方人民政府建设主管部门备案。

②审查不合格的，审查机构应当将施工图退建设单位并书面说明不合格原因。同时，应当将审查中发现的建设单位、勘察设计企业和注册执业人员违反法律、法规及工程建设强制性标准的问题，报工程所在地县级以上地方人民政府建设主管部门。施工图退建设单位后，建设单位应当要求原勘察设计单位进行修改，并将修改后的施工图报原审查机构审查。

《勘察设计注册工程师管理规定》

（6）施工图审查机构审查后的施工图修改

《管理办法》第 14 条规定，任何单位或者个人不得擅自修改审查合格的施工图。确需修改的，凡涉及审查机构审查内容的，建设单位应当将修改后的施工图送原审

查机构审查。

（7）施工图审查机构及审查人员的责任

审查机构对施工图审查工作负责，承担审查责任。

施工图经审查合格后，仍有违反法律、法规和工程建设强制性标准的问题，给建设单位造成损失的，审查机构依法承担相应的赔偿责任；建设主管部门对审查机构、审查机构的法定代表人和审查人员依法作出处理或者处罚。《管理办法》第 23 条规定，审查机构出具虚假审查合格书的，县级以上地方人民政府建设主管部门应处其 3 万元罚款，省、自治区、直辖市人民政府建设主管部门应撤销对审查机构的认定；有违法所得的，予以没收。同时，还应对机构的法定代表人和其他直接责任人员处机构罚款数额 5％以上 10％以下的罚款。第 26 条同时还规定了国家机关工作人员在施工图审查监督管理工作中玩忽职守、滥用职权、徇私舞弊，由此构成犯罪的相关责任。

【本章小结】

本章的重要知识点是熟悉有关建筑工程设计的前期工作，以及熟悉现行建筑工程设计程序与审批制度。建筑工程设计程序是建筑工程各项设计必须遵循的工作秩序，常规分为方案设计、初步设计和施工图设计三个阶段，但随着大数据、人工智能等技术手段的引入，建筑工程设计的前期准备工作对整个程序的影响日益显著，建筑师应学习这些新技术，以便在设计前更清晰地认知项目。

【思考与练习】

3-1 建筑工程设计前的准备工作有哪些？

3-2 常规的建筑工程设计各阶段包括什么内容？

3-3 建设工程项目设计文件审批流程有哪些？

3-4 建设工程项目设计文件审批与修改的关系是什么？

3-5 施工图设计文件的主要审查内容有哪些？

第4章 工程建设相关管理机构与制度

4.1 工程建设相关管理机构

工程建设管理任务是由一定的管理机构来完成的,按照不同的任务和职责,工程建设管理机构可分为两类:一类是对工程建设进行全面管理的综合管理部门;另一类是分管某方面任务的具体管理部门(图4-1)。

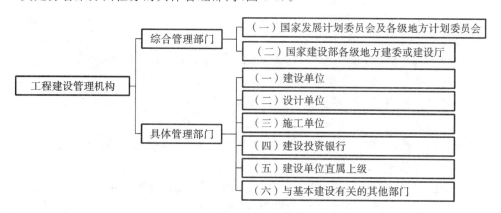

图 4-1 工程建设相关管理机构类型

4.1.1 综合管理部门

(1)国家发展计划委员会及各级地方计划委员会

国家发展计划委员会及各级地方计划委员会承担规划重大建设项目和生产力布局的责任,拟订全社会固定资产投资总规模和投资结构的调控目标、政策及措施,衔接平衡需要安排中央政府投资和涉及重大建设项目的专项规划;安排中央财政性建设资金,按国务院规定权限审批、核准、审核重大建设项目、重大外资项目、境外资源开发类重大投资项目和大额用汇投资项目;指导和监督国外贷款建设资金的使用,引导民间投资的方向,研究提出利用外资和境外投资的战略、规划、总量平衡和结构优化的目标和政策;组织开展重大建设项目稽查;指导工程咨询业发展。

(2)国家建设部及各级地方建委或建设厅

国家建设部及各级地方建委(建设厅)对工程建设实行全面管理;制订工程建设的有关方针、政策、法规、条例;管理城乡建设和城乡规划;组织有关工程建设的标准、规范定额的编制、审批和工程建设计划的实施。

4.1.2 具体管理部门

工程建设是一项复杂的经济活动，根据社会化生产的要求，工程建设工作是按照分工协作的原则进行组织的。工程建设项目从计划建设直至竣工验收，每个阶段都由专门的企业和部门分工完成。每项工程建设的完成，都是许多单位协作劳动的结晶。

工程建设活动的直接参加者，主要有建设单位、设计单位、施工单位、建设投资银行、建设监理单位、工程建设咨询单位、建设单位的直属上级（局或公司）和其他与工程建设有关的部门。这些单位在工程建设中各自担负着管理任务，既有明确分工，又有共同的目的，既互相协作促进，又互相制约。

（1）建设单位

建设单位既是工程建设的组织者和监督者，也是建成工程的使用者。建设单位在整个工程建设中起主导作用。一般建设单位（不包括委托全过程总承包的项目）的主要任务包括如下各项（图 4-2）。

①组织选址报告、可行性研究报告的编制工作，认真搜集有关资料，参与调研及技术经济论证，为编审工作提供可靠的依据。

②根据批准的可行性研究报告和建设用地规划许可证向土地管理部门办理预拨土地（核定用地）手续；进行勘察设计招标工作，对搜集的设计基础资料，在招标前应做好审查工作；经常了解设计文件的编制、交付情况，组织和参与设计文件的会审。

③年度工程建设计划经批准下达后，办理征地、拆迁及施工图设计工作。施工图设计完成后，及时组织设计预算的会审、编制标底、办理标底审定手续。

④做好施工前的建设准备，为工程及时开工和顺利施工创造必要条件，及时办理建设用地的征购、拆迁和清除障碍物的手续。申请建设用地规划许可证、投资许可证和开工许可证。办妥永久性水、电线路接通或施工用水、电、通信等接通手续，并保证施工道路畅通。确定具体招标条件，办理申请招标手续，进行招标工作。招标工作完成后，应及时与施工单位签订包合同，办好有关公证手续。

⑤做好施工现场的管理。主要是施工技术管理，工程质量的检查和监督工作；各级职能人员均应逐日记好工程日志，发现问题及时处理并上报。

⑥做好工程建设计划管理工作，根据批准的总投资和总工期，合理安排分年度建设的内容和投资，搞好工程建设计划的编制和调整工作；保证建设的连续性和稳定性以及在规定建设周期内建成投产使用。

⑦做好工程建设财务、审计管理与监督工作，正确编制和执行财务计划，结合本单位的实际情况，建立各种经济管理的责任制，严格实行经济核算；认真执行财经制度，监督财务收支，加速资金和物资的周转，防止积压和浪费；正确、及时、完整地编制会计报表和决算报告，搞好财务分析；检查财务计划执行情况，不断提高财务管理水平和投资效率。

⑧做好工程建设（或固定资产）投资统计的管理与监督工作。固定资产投资统

计是国家制定固定资产投资计划和政策的主要依据,建设单位的领导应及时利用统计资料,总结经验、解决存在的问题,以便加快建设速度、提高经济效益。

⑨做好工程建设物资供应和管理工作。根据施工进度和质量要求,及时提出甲方材料、设备的申报计划,做好订货、采购、运输、验收、保管、供应等工作,加速资金周转,避免积压与浪费。

⑩做好竣工结算的审核工作;做好工程建设技术档案搜集、整理和保管工作。编制竣工图、完成竣工决算等有关施工技术资料的移交工作,做好竣工验收、交付使用工作,写好建设工程(或单项工程)全过程的总结材料,完成技术档案归档工作。

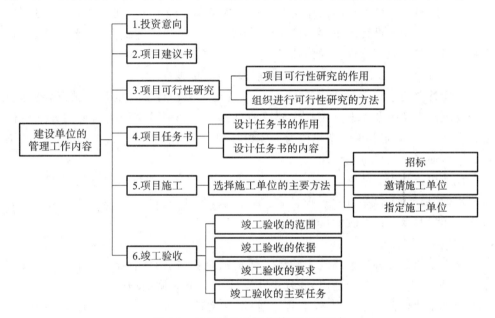

图 4-2 建设单位的具体管理工作要点

(2) 设计单位

设计单位是各类设计机构的总称。在基本的建设过程中,设计单位主要进行下列各项工作。

①可接受甲方委托进行项目可行性研究、厂址选择。

②根据批准的可行性报告编制设计文件。设计单位必须对拟建工程的设计质量全面负责;要做多方案比较,合理确定设计方案;设计采用的各种数据和技术要正确可靠;设计文件的深度应满足建设、使用和审批要求。

③设计单位在编制设计文件的同时应编制概、预算。初步设计阶段应编制总概算;采用三阶段设计的技术设计阶段应编制修正概算;施工图设计阶段应编制施工图预算。

④参加图纸会审和技术交底。

图纸会审时,先由设计单位进行技术交底,详细说明设计意图、工艺流程、建筑结构选型及水暖电的设计方案、构件采用、建筑材料选用要求、施工步骤、施工方法等。图纸会审要抓住重点,首先看设计是否满足使用要求,其次是结构选型及水暖电设计方案是否经济合理,有何改进建议。根据设计图纸要求,施工单位的条件是否具备,施工现场能否满足施工需要。图纸各部分尺寸是否正确,各类图纸在建筑、结构、管线、设备之间有无矛盾。各种管线走向是否合理,与地上建筑、地下构筑物交叉有无矛盾等会审提出的问题由设计单位解答处理。会审由专人做好记录,会后做出会审纪要。会审纪要经参加会审单位签字认可后,根据需要制成一式若干份,分别送交有关单位处理、执行或存档。

⑤处理设计文件修改和设计变更事宜。初步设计经审查批准后不得任意修改、变更。凡涉及初步设计的主要内容,如总平面布置、主要工艺流程、主要设备、建筑面积、建筑标准、总概算等方面的修改,须经原审批机关批准,修改工作须由原设计单位负责进行。施工图的修改,须由原设计单位负责进行。

⑥设计单位应经常派人到施工现场,了解施工中设计文件的执行情况,处理施工中发现的设计问题。设计工作应建立责任制。一个项目由两个以上的设计单位配合设计时,应确定其中一个单位为主体设计单位。主体设计单位应负责设计的协调、汇总,使得设计保持完整性。

设计单位是生产性单位,应实行企业化的经营和设计招标承包责任制。设计单位与招标(委托)单位签订建设设计合同或协议,明确各自职责,设计单位按完成的设计工作量和取费标准收取设计费用。

(3)施工单位

施工单位是各种从事建筑安装施工活动的企业,包括各种土建公司、设备安装公司、机械施工公司、筑炉公司、电力建设公司,以及各种附属辅助生产部门等。

施工企业根据批准的基本建设计划、设计文件和国家规定的施工验收技术规范,以及与建设单位或承包公司签订的施工合同要求,具体组织管理施工活动,按期完成承担的基本建设任务。具体管理工作要点如图4-3所示。

图4-3 施工单位的具体管理工作要点

(4)建设投资银行

建设投资银行是管理工程建设支出预算和财务,办理工程建设拨款、结算和放款,进行财政监督的国家专业银行。

（5）建设单位直属上级

建设单位直属上级主管部门,应认真贯彻国家和地方颁布的有关工程建设方面的方针政策、法规和有关文件规定,根据本系统事业发展规模,制定合理可行的宏观决策,组织检查、督促所属单位工程建设计划的实施。如图 4-4 所示为深圳福田区工程项目建设管理流程。

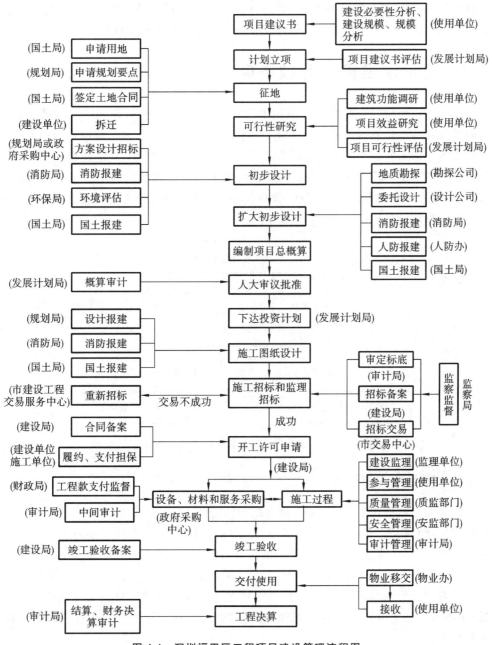

图 4-4　深圳福田区工程项目建设管理流程图

（6）其他与工程建设有关的部门

其他与工程建设有关的部门主要有工程地质勘察、科学研究、规划局、土地局、各省市（区、县）规划部门、商业网点配套办公室、农委、农林局、水利局、环保局、粮食局、公安局防火科、人防办、交通队、市容办、电业局、电信局、电话局、市政工程局排管处、公用局自来水公司、园林局、房管局、财政局、环卫局、审计局、卫生局、防疫站、建材局、物资局、定额站、运输公司、招标站、公证处、工程质量监理站、建筑工程承包公司、监理公司、咨询公司等承担管理工作的企事业单位和机关团体。

4.2 工程建设相关管理制度

建设工程项目的全寿命周期包括项目的决策阶段、实施阶段和使用阶段（或称运营阶段或运行阶段），工程项目管理是建设工程管理中的一个组成部分，仅限于在项目实施期的工作，是一种增值服务工作，核心任务是为工程的建设和使用增值。根据我国工程建设相关规定，在工程建设中应主要实行项目法人责任制、工程招标投标制、工程建设监理制、工程合同管理制等。这些制度相互关联、相互支撑，共同构成了工程建设管理制度体系（图4-5）。

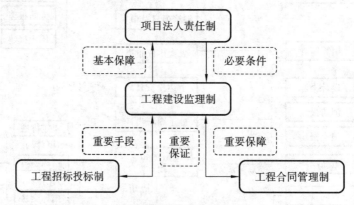

图 4-5 工程建设四大管理制度的关系图

4.2.1 项目法人责任制

为了建立投资约束机制，规范建设单位的行为，工程建设应当按照政企分开的原则组建项目法人，实行项目法人责任制，即由项目法人对项目的策划、资金筹措、建设实施、生产经营、债务偿还和资产的保值增值实行全过程负责的制度。

（1）项目法人的设立

国有单位经营性、大众性工程建设必须在建设阶段组建项目法人。项目法人可按《中华人民共和国公司法》（以下简称《公司法》）的规定设立有限责任公司和股份有限公司。

新建项目在项目建议书被批准后,应及时组建项目法人筹备组,具体负责项目法人的筹建工作。项目法人筹备组主要由项目投资方派代表组成。在申报项目可行性研究报告时,需同时提出项目法人组建方案,否则,其项目可行性研究报告不予审批。项目可行性研究报告经批准后,正式成立项目法人,并按有关规定确保资金按时到位,同时及时办理公司登记。

（2）项目法人的备案

国家重点建设项目的项目法人需报国家发展和改革委员会（发改委）备案。其他项目的项目法人按项目隶属关系分别向有关行政主管部门、地方发改委备案。

（3）项目法人的组织形式和职责

①组织形式:国有独资公司设立董事会,董事会由投资方负责组建;国有控股或参股的有限责任公司、股份有限公司设立股东会、董事会和监事会,董事会、监事会由各投资方按照《公司法》的有关规定组建。

②建设项目董事会的职责:筹措建设资金;审核上报项目初步设计和概算文件;审核上报年度投资计划并落实年度资金;提出项目开工报告;研究解决建设过程中出现的重大问题;负责提出项目竣工验收申请报告;审定偿还债务计划和生产经营方针,并负责按时偿还债务;聘任或解聘项目总经理,并根据总经理的提名,聘任或解聘其他高级管理人员。

③项目总经理的职责主要包括:组织编制项目初步设计文件,对项目工艺流程、改备选型、建设标准、总图布置提出意见,提交董事会审查;组织工程设计、工程建设监理、工程施工和材料设备采购招标工作,编制和确定招标方案、标底和评标标准,评选和确定中标单位;编制并组织实施项目年度投资计划、用款计划和建设进度计划;编制项目财务预算、决算;编制并组织实施归还贷款和其他债务计划;组织工程建设实施负责控制工程投资、工期和质量;在项目建设过程中,在批准的概算范围内对单项工程的设计进行局部调整;根据董事会授权处理项目实施过程中的重大紧急事件,并及时向董事会报告;负责生产准备工作和培训人员;负责组织项目试生产和单项工程预验收;拟订生产经营计划、企业内部机构设置、劳动定员方案及工资福利方案;组织项目后评估,提出项目后评估报告;按时向有关部门报送项目建设、生产信息和统计资料;提请董事会聘请或解聘项目高级管理人员。其管理框架如图 4-6 所示。

4.2.2 工程建设监理制

工程建设监理制是指受项目法人委托进行工程项目建设管理。具体是指具有法人资格并具有相应资质的工程建设监理单位受建设单位的委托,依据有关工程建设的法律、法规、项目批准文件、监理合同及其他工程建设合同,对工程建设实施的投资、工程质量和建设工期进行控制的监督管理。实行监理的工程建设,由建设单位与其委托的工程建设监理单位订立书面委托监理合同。必须实行监理的建设工

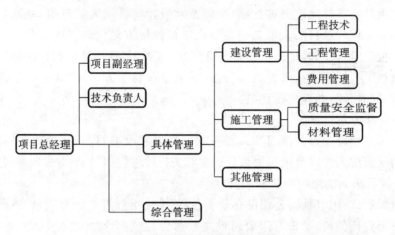

图 4-6 工程建设中的项目总经理管理框架示意

程见表 4-1。

表 4-1 必须实行监理的建设工程

序号	建设工程类型
1	国家重点建设工程
2	大中型公用事业工程
3	成片开发建设的住宅小区工程
4	利用外国政府或者国际组织贷款、援助资金的工程
5	国家规定必须实行监理的其他工程

工程建设监理应当依照法律、行政法规及有关的技术标准、设计文件和工程承包合同,对承包单位在施工质量、建设工期和建设资金使用等方面,代表建设单位实施监督。工程建设监理人员认为工程施工不符合工程设计要求、施工技术标准和合同约定的,有权要求建筑施工企业改正。工程建设监理人员认为工程设计不符合建筑工程质量标准或者合同约定的质量要求的,应当报告建设单位,要求设计单位改正。

近年来工程建设监理制出现了一定程度的调整,2018 年 9 月住房和城乡建设部令第 42 号删除了《建筑工程施工许可管理办法》中的监理要求,不少地方也出台了不再强制监理,部分项目可由建设单位自管,逐步推行工程质量保险制度代替工程监理制度的政策。

工程质量保险制度是一种转移在工程建设和使用期间由可能的质量缺陷引起的经济责任的方式,它由能够转移工程技术风险、落实质量责任的一系列保险产品组成,包括建筑工程一切险、安装工程一切险、工程质量保证保险和相关职业责任保险等。工程质量保险制度的建立对保证工程质量起到了很大的促进作用,也较为符合我国从计划经济向市场经济过渡的过程。随着我国社会主义市场经济的逐步形成,需要不断转变政府职能,用市场的手段来保证和提高工程质量势在必行。

4.2.3　工程招标投标制

为了在工程建设领域引入竞争机制,择优选择勘察单位、设计单位、施工单位及材料设备供应单位,需要实行工程招标投标制。

工程建设招标实行公开招标为主。确实需要采取邀请招标和议标形式的,要经过项目主管部门或主管地区政府批准。招标投标活动要严格按照国家有关规定进行,体现公开、公平、公正和择优、诚信的原则。对未按规定进行公开招标、未经批准擅自采取邀请招标和议标形式的,有关地方和部门不得批准开工。工程建设监理企业也应通过竞争择优确定。必须进行招标的工程项目见表 4-2。

表 4-2　必须进行招标的工程项目

全部或者部分使用国有资金投资或者国家融资的项目	使用预算资金 200 万元人民币以上,且该资金占投资额 10% 以上的项目
	使用国有企业、事业单位资金,且该资金占控股或者主导地位的项目
使用国际组织或者外国政府贷款、援助资金的项目	使用世界银行、亚洲开发银行等国际组织贷款、援助资金的项目
	使用外国政府及其机构贷款、援助资金的项目
勘察、设计、施工、监理以及与工程建设有关的重要设备、材料等的采购达到下列标准之一的	施工单项合同估算价在 400 万元人民币以上
	重要设备、材料等货物的采购,单项合同估算价在 200 万元人民币以上
	勘察、设计、监理等服务的采购,单项合同估算价在 100 万元人民币以上

招标单位要合理划分标段、合理确定工期、合理标价定标。中标单位签订承包合同后,严禁进行转包。总承包单位如进行分包,除总承包合同中有约定的外,必须经发包单位认可,但主体结构不得分包,禁止分包单位将其承包的工程再分包。

严禁任何单位和个人以任何名义、任何形式干预正当的招标投标活动,严禁搞地方和部门保护主义,对违反规定干预招标投标活动的单位和个人,无论有无牟取私利,都要根据情节轻重作出处理。

招标单位有权自行选择招标代理机构,委托其办理招标事宜。招标单位若具有编制招标文件和组织评标的能力,可以自行办理招标事宜。

4.2.4　工程合同管理制

为了使勘察、设计、施工、材料设备供应单位和工程建设监理企业依法履行各自的责任和义务,在工程建设中必须实行合同管理制。工程合同管理制的基本内容见表 4-3。

表 4-3　工程合同管理制的基本内容

1	工程建设的勘察、设计、施工、材料设备采购和工程建设监理都要依法订立合同
2	各类合同都要有明确的质量要求、履约担保和违约处罚条款
3	违约方要承担相应的法律责任

工程合同管理制的实施对土木工程、设备安装、管道线路敷设、装饰装修及房屋修缮等建设工程的施工过程开展提供了法律上的支持。施工合同的签订,不仅要遵守国家的法律、法规和国家计划,还要遵循平等互利、协商一致、等价有偿的原则。承办人员签订合同,应取得法定代表人的授权委托书。施工合同一经依法订立,即具有法律效力,当事人的合法权益受到法律保护;任何一方不得擅自转让、变更。承发包双方之外的任何单位和个人,不得非法干预施工合同的签订和履行。

2017 年住房和城乡建设部、国家市场监督管理总局联合发布了新修订的《建设工程施工合同(示范文本)》(GF-2017-0201),其目的是为规范建筑市场秩序,维护建设工程施工合同当事人的合法权益,进一步明确了发承包双方关于质量保证金的权利、义务,更侧重于保护承包人的权利。虽然 2017 版示范文本并非强制使用文本,但其中对发承包双方在工程质量保证金和缺陷责任期方面的权利、义务及责任的设置更为公平合理,具有可操作性,发承包双方采用或参照 2017 版示范文本签订施工合同,可以有助于发承包双方建立稳定、和谐的合同关系和合作关系,避免在履约过程中产生不必要的纠纷,促进发包人和承包人双方的合作共赢。

总之,我国工程建设中存在多种多样贯穿建设工程整体过程的相关管理制度,除上述四种主要制度外还实行工程建设施工许可制、从业资格与资质制、安全生产责任制、工程质量责任制、工程竣工验收制、工程质量备案制、工程质量保修制、工程质量终身责任制、项目决策咨询评估和工程设计审查制等,这些制度共同构成了建设工程管理制度体系。

【本章小结】

本章的重要知识点是熟悉目前与工程建设有关的管理机构与制度。与工程建设有关的管理机构部分分类介绍了综合管理部门和具体管理部门,与工程建设有关的管理制度部分主要介绍了项目法人责任制、工程招标投标制、工程建设监理制以及工程合同管理制。

【思考与练习】

4-1 与工程建设有关的综合管理部门是哪些?

4-2 与工程建设有关的具体管理部门是哪些?

4-3 项目法人责任制的基本内容是什么?

4-4 工程招标投标制的基本内容是什么?

4-5 工程建设监理制的基本内容是什么?

4-6 工程合同管理制的基本内容是什么?

第5章　建设工程设计合同与履约责任

5.1　建设工程合同

合同又称契约。广义的合同,是指以确定权利、义务为内容的协议。除民法中的合同之外,还包括行政合同、劳动合同、国际法上的国家合同等。狭义的合同专指民事合同,即设立、变更、终止民事权利义务关系的协议。按照《中华人民共和国合同法》的定义:"合同是平等主体的自然人、法人、其他经济组织之间设立、变更、终止民事权利义务关系的协议。"

5.1.1　建设工程合同的概念

1) 建设工程合同内涵与分类

建设工程合同也称建设工程承发包合同,《中华人民共和国合同法》第二百六十九条规定:"建设工程合同是承包人进行工程建设,发包人支付价款的合同。建设工程合同包括工程勘察、设计、施工合同。"

建设工程合同的主体分别为承包人、发包人、监理人。承包人是指进行工程建设的一方当事人,即进行工程的勘察、设计、施工等工作;发包人是指在建设工程合同中委托承包人进行工程建设的单位(或业主、项目法人),建设工程合同中,发包人通常为出资人,由此不宜对发包人提出过高的专业技术要求,发包人承担投资风险,工程实施由承包人负责,发包人最主要的义务是向承包人支付相应的价款;监理人是指在合同条款中指明的,受发包人委托进行工程监督管理的法人或其他组织。

事实上,建设工程合同还包括工程监理合同、工程材料设备采购合同以及与工程建设相关的其他合同。这里应注意,建设工程合同并非指一个参建单位在某项目建设过程中签订的所有合同。以业主为例,业主单位如果要在现场办公,则要购买办公用品,或临时租用办公用房交通工具等,需要签订相关合同,而这些合同并不是建设工程合同。建设工程合同种类繁多,可以从不同的角度进行分类(图5-1)。

(1) 按承包的工作性质划分

按承包工作性质的不同,一般将建设工程合同主要划分为勘察合同、设计合同、施工合同,此外还有工程监理合同、材料设备采购合同和其他工程咨询合同等配套合同。

①建设工程勘察合同。

建设工程勘察合同是承包方进行工程勘察,发包人支付价款的合同。建设工程

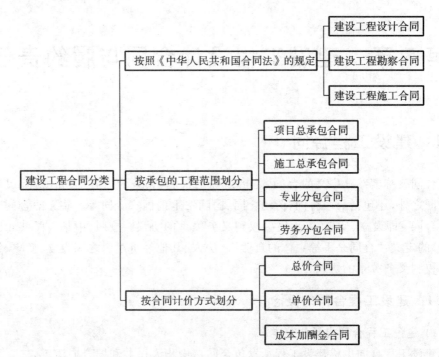

图 5-1　建设工程合同基本分类

勘察单位称为承包方,建设单位或者有关单位称为发包方(也称为委托方)。

建设工程勘察合同的标的是为建设工程需要而作的勘察成果。工程勘察是工程建设的第一个环节,也是保证建设工程质量的基础环节。为了确保工程勘察的质量,勘察合同的承包方必须是经国家或省级主管机关批准,持有工程勘察资质证书,具有法人资格的勘察单位。

建设工程勘察合同必须符合国家规定的基本建设程序,勘察合同由建设单位或有关单位提出委托,经与勘察部门协商,双方取得一致意见,即可签订,任何违反国家规定的建设程序的勘察合同均是无效的。

②建设工程设计合同。

建设工程设计合同是承包方进行工程设计,委托方支付价款的合同。建设单位或有关单位为委托方,建设工程设计单位为承包方。

建设工程设计合同为建设工程需要而作的设计成果。工程设计是工程建设的第二个环节,是保证建设工程质量的重要环节。工程设计合同的承包方必须是经国家或省级主要机关批准,持有工程设计资质证书,具有法人资格的设计单位。只有具备了上级批准的设计任务书,建设工程设计合同才能订立;小型单项工程必须具有上级机关批准的文件方能订立。如果单独委托施工图设计任务,应当同时具有经有关部门批准的初步设计文件方能订立。

③建设工程施工合同。

建设工程施工合同是工程建设单位与施工单位，也就是发包方与承包方以完成商定的建设工程为目的，明确双方相互权利义务的协议。建设工程施工合同的发包方可以是法人，也可以是依法成立的其他组织或公民，而承包方必须是法人。

（2）按承包的工程范围划分

按承包工程范围的不同，一般将建设工程合同划分为项目总承包合同、施工总承包合同、专业分包合同和劳务分包合同等。

①工程项目总承包合同。

工程项目总承包合同是比较常用的合同，有设计-采购-施工总承包（Engineering-Procurement-Construction，EPC）、设计-施工承包（Design-Build，DB）、设计-采购承包（Engineering-Procurement，EP）、采购-施工承包（Procurement-Construction，PC）等方式。

设计-采购-施工总承包（EPC）又称交钥匙总承包，是指工程总承包企业按照合同约定，承担工程项目的设计、采购、施工、试运行服务等工作，并对承包工程的质量、安全、工期、造价全面负责。EPC 模式是设计采购施工总承包业务和责任的延伸，最终是向业主提交一个满足使用功能、具备使用条件的工程项目。设计-施工承包（DB）、设计-采购承包（EP）、采购-施工承包（PC）则是 EPC 中任两项组合。这几种工程总承包模式根据工程项目的不同规模、类型和业主的要求分别采用，实践中采用较多的工程总承包模式主要为 EPC 模式。

②建设-经营-转让承包合同。

建设-经营-转让承包（Build-Operate-Transfer，BOT）模式是政府（中央或地方政府/部门）通过特许权协议，授权项目发起人（主要是民营/外商）联合其他公司/股东为某个项目（主要是自然资源开发和基础设施项目）成立专门的项目公司，负责该项目的融资、设计、建造、运营和维护。在规定的特许期内向该项目的使用者收取适当的费用，由此回收项目的投资、经营和维护等成本，并获得合理的回报。特许期满后，项目公司将项目移交给政府。据此明确各方权利义务的协议，即为 BOT 合同。BOT 是一种统称，实际上共有三种基本形式和十多种演变形式。BOT 的基本形式有 BOT、BOOT（Build-Own-Operate-Transfer，建设-拥有-经营-转让）、BOO（Build-Own-Operate，建设-拥有-经营），演变形式有十多种，比如 BTO（Build-Transfer-Operate，建设-转让-经营）、TOT（Transfer-Operate-Transfer，移交-经营-移交）、SOT（Sold-Operate-Transfer，出售-经营-移交）等。

（3）按合同计价方式划分

按计价方式的不同，一般将建设工程合同划分为总价合同、单价合同、成本加酬金合同等。

①总价合同。

总价合同，是指根据合同规定的工程施工内容和有关条件，业主应付给承包商的款额是一个规定的金额,即明确的总价。总价合同也称作总价包干合同,即根据施工招标时的要求和条件,当施工内容和有关条件不发生变化时,业主付给承包商的价款总额就不发生变化。总价合同又分固定总价合同和变动总价合同两种。

②单价合同。

单价合同是指承包商按工程量报价单内分项工作内容填报单价,以实际完成工程量乘以所报单价确定结算价款的合同。承包商所填报的单价应为计及各种摊销费用后的综合单价,而非直接费单价。

单价合同大多用于工期长、技术复杂、实施过程中发生各种不可预见因素较多的大型土建工程,以及业主为了缩短工程建设周期,初步设计完成后就进行施工招标的工程。单价合同的工程量清单内所开列的工程量为估计工程量,而非准确工程量。

单价合同适用的范围较为广泛,其风险分配较为合理,并且能够鼓励承包人通过提高工效、管理水平等手段从节约成本中提高利润。单价合同的关键在于双方对单价和工程量的计算和确认,其一般原则是"量变价不变"。工程量清单所提供的量是投标人投标报价的基础。

③成本加酬金合同。

成本加酬金合同的特点包括:可以通过分段施工缩短工期,而不必等待所有施工图完成才开始投标和施工;可以减少承包商对立情绪,承包商对工程变更和不可预见条件的反应会比较积极和快捷;可以利用承包商的施工技术专家,帮助改进或弥补设计中的不足;业主可以根据自身能力和需要,较深入地介入和控制工程施工及管理,也可以通过确定最大保证价格约束工程成本不超过某一限值,从而转移一部分风险。

2) 建设工程合同示范文本

建设工程合同文本分为非标准合同文本和标准合同文本(示范文本),非标准合同文本的所有合同条款都是由合同双方(或一方)自己起草的,其形式和内容随意性较大,常常不反映工程行业惯例,内容相对不完备,执行风险较大,通常对双方均不利。标准文本(示范文本)是经过多方论证将某一类合同的内容统一而形成的标准化、规范化文本,它一般是在原有非标准合同文本的基础上完善而成的。

当前,我国建筑工程领域形成了双轨制的建设工程合同示范文本体系,即政府投资的基础设施领域的建设工程合同范本由国家发改委牵头制定,非政府投资的房屋建筑领域的建设工程合同范本由住房和城乡建设部牵头制定(表5-1)。

住房和城乡建设部颁布的示范文本为非强制性文本,合同当事人可结合建设工程具体情况,根据《建设工程施工合同(示范文本)》订立合同,也可以参考各省、自治区、直辖市建设行政机关制定的文本,还可参考适用国际通用的合同条款等。

表 5-1　国家发改委牵头颁发的建设工程合同文本一览表

文本名称	颁发年代	颁发部门
《标准施工招标资格预审文件》《标准施工招标文件》（通用条款）	2007 年 11 月 1 日	发改委等九部门
《房屋建筑和市政工程标准施工招标资格预审文件》《房屋建筑和市政工程标准施工招标文件》	2010 年 6 月 9 日	住房和城乡建设部
《水利水电工程标准施工招标资格预审文件》《水利水电工程标准施工招标文件》	2009 年 12 月 19 日	水利部
《公路工程标准施工招标资格预审文件》和《公路工程标准施工招标文件》	2009 年 5 月 11 日	交通运输部
《水运工程标准施工招标文件》	2008 年 12 月 24 日	交通运输部
《通信建设项目施工招标文件范本（试行）》和《通信建设项目货物招标文件范本（试行）》	2009 年 4 月 30 日	工业和信息化部
《民航专业工程标准施工招标资格预审文件》《民航专业工程标准施工招标文件》	2010 年 4 月 29 日	中国民用航空局
《铁路建设项目单价承包标准施工招标资格预审文件补充文本》《铁路建设项目单价承包标准施工招标文件补充文本》 《铁路建设项目总价承包标准施工招标资格预审文件补充文本》《铁路建设项目总价承包标准施工招标文件补充文本》 《铁路建设项目工程总承包标准施工招标资格预审文件补充文本》《铁路建设项目工程总承包标准施工招标文件补充文本》	2008 年 12 月 25 日	铁道部
《简明标准施工招标文件》	2011 年 12 月 20 日	发改委等九部门
《标准设计施工总承包招标文件》	2011 年 12 月 20 日	发改委等九部门

5.1.2　建设工程合同的法律特征

建设工程合同除了具有作为双方有偿合同的基本特征外，还具有以下法律特征。

①合同标的的特殊性。建设工程合同的标的是涉及建设工程的服务，而建设工程又具有产品固定、不能流动，产品多样、需单个完成，产品耗用材料多、所需资金大，产品使用时间长、对社会影响极大的特点。这些都决定了建设工程合同的重要性，也使得建设工程合同具有了一些有别于一般合同的法律特征。

②合同主体的特殊性。工程建设技术含量较高、社会影响很大，所以，法律对建

设工程合同主体的资格有严格的限制,只有经国家主管部门审查,具有相应资质等级,并经登记注册,领有营业执照的单位,才具有签约承包的民事权利能力和民事行为能力。任何个人及其他单位都不得承包工程,也不具有签约资格。

③合同形式的特殊性。工程建设过程周期长,涉及因素多,专业技术性强。当事人之间的权利、义务关系十分复杂,不是简单的口头约定就能解决问题,所以,我国法律规定,建设工程合同必须采用书面形式。另外,为使合同内容更为严谨周密,双方当事人的权利、义务更为平等合理,相关国际组织及各国政府或行业协会都组织专家研究制定出了一批合同样本或示范文本,推荐给当事人加以选择使用,如国际咨询工程师联合会(FIDC)制定的《土木工程施工合同条件》《设计建造与交钥匙工程合同条件》,世界银行制定的《土木工程国际竞争性招标文件》,我国住房和城乡建设部、国家工商局制定的《建设工程勘察合同》《建设工程设计合同》等。这些范本对节省当事人的时间和精力,保证当事人权利、义务的平等提供了极大的便利。

④合同监督管理的特殊性。正因为建设工程合同具有上述特殊性,所以,国家对建设合同的监督管理也十分严格。如工程承发包双方的资质要接受有关部门的审查;建设工程合同签订以后,必须报有关建设行政主管部门审查批准后才能生效;合同履行的过程,也要接受有关部门的监督检查;建设工程的拨款、贷款、结算要接受银行的监督等。

5.1.3 建设工程合同管理

(1)合同在建设项目管理中的地位和作用

①合同是建设项目管理的核心。任何一个建设项目的实施,都是通过签订承发包合同来实现的。通过对承包内容、范围、价款、工期、质量、标准等合同条款的制订和履行,业主和承包商以合同规定的内容调控建设项目的运行状态。通过对合同管理目标责任的分解,规范项目管理机构内部职能,紧密围绕合同条款开展项目管理工作。因此,无论是对承包商的管理,还是对项目业主本身的内部管理,合同始终是建设项目管理的核心。

②合同是承发包双方履行义务、享有权利的法律基础。建设工程合同明确界定了承发包双方基本的权利和义务关系。如施工合同的发包方必须按时支付工程进度款,及时参加隐蔽工程验收和中间验收,及时组织工程竣工验收和办理竣工结算等。承包方则必须按施工图纸和批准的施工组织设计施工,向业主提供符合约定质量标准的建筑产品等。合同中明确约定各项权利和义务是承发包双方的最高行为准则,是双方履行义务、享有权利的法律基础。

③合同是处理建设项目实施过程中各种争执和纠纷的法律证据。建设项目由于建设周期长、合同金额大、参建单位众多和项目之间接口复杂(图5-2、图5-3),在合同履行过程中,业主与承包商之间、不同承包商之间、承包商与分包商之间以及业主与材料供应商之间不可避免地产生各种争执和纠纷。而调解处理这些争执和纠

纷的主要尺度及依据是发承包双方在合同中的约定和承诺,如合同的索赔与反索赔条款、合同价款调整变更条款等。

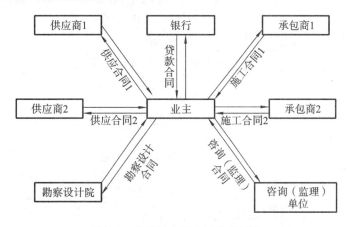

图 5-2 业主的主要合同关系示意

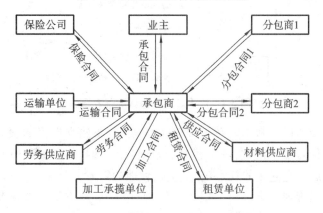

图 5-3 承包商的主要合同关系示意

(2)合同管理的组织机构

提高合同管理水平,实施合同保证体系需要专门的合同管理机构和人员,使合同管理工作专门化和专业化。工程承包企业应设置合同管理部门(科室),负责企业所有工程合同的总体管理工作。对于大型工程项目,设立项目的合同管理小组,负责与该项目有关的合同管理工作。对于一般的项目、较小的工程,可设合同管理员,在项目经理领导下进行施工现场的合同管理工作。对一些特大型的,合同关系复杂、风险大、争执多的项目,可以聘请合同管理专家或将整个工程的合同管理工作(或索赔工作)委托给咨询公司或管理公司。这样会大大提高工程合同管理水平和工程经济效益。

(3)建立合同管理工作制度

在工程实施过程中,合同管理的日常事务千头万绪,极易引起管理的混乱。为了使合同管理工作有序、有效进行,必须建立合同管理工作程序,规范合同管理工作。建设工程合同管理基本框架如图 5-4 所示。

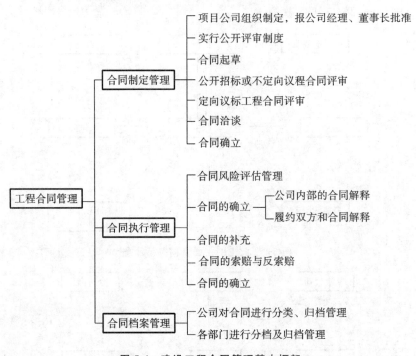

图 5-4　建设工程合同管理基本框架

①建立报告和行文制度。在工程施工过程中，要建立严格的报告和行文制度，尤其是涉及承包商与业主、监理工程师、分包商之间的有关问题都应以书面形式作为最终依据。这是合同法的规定，也是工程管理的需要。

②建立文档管理系统。在工程合同管理过程中，一方面需要大量的资料，另一方面产生大量的资料。因此，建立合同文档系统，科学、系统地整理和保存工程施工中各有关事件及活动的一切资料非常重要。

③实施有效的合同监督，进行合同跟踪。在工程实施过程中，由于实际情况千变万化，常常导致合同实施与预定目标的偏差。如果不采取措施，这种偏差常常从小到大，逐渐积累，对合同的履行会造成严重的影响。只有持续实施合同跟踪，使项目管理人员一直清楚地了解合同实施情况，对合同实施现状、趋向和结果有一个清醒的认识，才能达到合同总目标。

（4）建设工程合同的备案制度

我国建筑市场尚未发育完善，市场主体行为尚未完全规范，建设工程合同备案管理是整顿和规范建筑市场的一项重要内容。为防止承发包双方当事人签订合同出现不公平、不公正、不合理的条款约定，防止违法、欺诈等不良现象发生，切实保护发承包双方的合法权益，保证合同的严格履行，政府合同管理机构对建设工程合同实行备案制。

5.2　建设工程设计合同

5.2.1　建设工程设计合同的基本内容

建设工程设计合同是发包人与承包人为完成一定的设计任务,明确双方相互权利、义务关系的协议。承包人应完成发包人委托的设计任务,发包人则应当接受符合约定要求的设计成果并支付报酬。

建设工程设计合同主要包括如下条款。

①合同文件签订依据:包括《中华人民共和国合同法》、《中华人民共和国建筑法》、《建设工程勘察设计市场管理规定》、国家及地方有关建设工程勘察设计管理法规和规章、建设工程批准文件等。

②设计任务的内容。

③发包人应向承包人提交的有关资料及文件。

④承包人应向发包人交付的设计资料及文件。

⑤设计费及支付。设计费按阶段支付(合同结算时,定金抵作设计费)。

⑥双方责任(包括违约责任)。

5.2.2　建设工程设计合同的履行责任

(1) 发包人责任

①发包人按合同规定的内容,在规定的时间内向承包人提交资料及文件,并对其完整性、正确性及时限负责,发包人不得要求承包人违反国家有关标准进行设计;发包人提交上述资料及文件超过规定期限15天以内,承包人按合同规定交付设计文件时间顺延,超过规定期限15天以上时,承包人有权重新确定提交设计文件的时间。

②发包人变更委托设计项目、规模、条件或因提交的资料错误,或所提交资料作较大修改,以致造成承包人设计需返工时,双方除需另行协商签订补充协议(或另订合同)、重新明确有关条款外,发包人应按设计人所耗工作量向设计人增付设计费;在未签合同前发包人已同意承包人为发包人所做的各项设计工作,应按收费标准支付相应设计费。

③发包人要求承包人比合同规定时间提前交付设计资料及文件时,须征得承包人同意,不得严重背离合理设计周期,且发包人应向承包人支付赶工费。

④发包人应为承包人派驻现场的工作人员提供必要的工作、生活及交通等方便条件。

⑤设计文件中选用的国家标准图、部标准图及地方标准图由发包人负责解决。

⑥发包人委托设计配合引进项目的设计任务,从询价、对外谈判、国内外技术考察直至建成投产的各个阶段,应吸收承担有关设计任务的承包人参加;出国费用,除

制装费外,其他费用由发包人支付。

⑦发包人委托承包人承担合同内容之外的工作服务,另行支付费用。

⑧发包人应保护承包人的投标书、设计方案、文件、资料图纸、数据、计算软件和专利技术。未经设计人同意,发包人对承包人交付的设计资料及文件不得擅自修改、复制或向第三人转让或用于本合同外的项目,如发生以上情况,发包人应负法律责任,承包人有权向发包人提出索赔。

(2) 承包人责任

①承包人应按国家技术规范、标准、规程及发包人提出的设计要求,进行工程设计,按合同规定的内容、进度及份数向发包人交付质量合格资料及文件,并对其负责。

②承包人交付设计资料及文件后,按规定参加有关的设计审查,并根据审查结论负责对不超出原定范围的内容做必要的调整补充。承包人按合同规定时限交付设计资料及文件,本年内项目开始施工的,负责向发包人及施工单位进行设计交底、处理有关设计问题和参加竣工验收。在一年内项目尚未开始施工,承包人仍负责上述工作,但应按所需工作量向发包人适当收取咨询服务费,收费额由双方商定。

③承包人应保护发包人的知识产权,不得向第三人泄露、转让发包人提交的产品图纸等技术经济资料。如发生以上情况并给发包人造成经济损失,发包人有权向承包人索赔。

④外国承包人的特别义务。

a. 与中国企业合作。国外机构承担中华人民共和国境内建设工程设计,必须选择至少一家具备设计资质的中方设计企业进行中外合作设计。

b. 接受政府特别监督。国外机构承接工程设计业务相关的工程设计合同、合作设计协议和能证明其具备建设工程项目设计能力的有效证明材料应报项目所在地省级建设行政主管部门备案。

(3) 违约责任

①在合同履行期间,发包人要求终止或解除合同,设计人未开始设计工作的,不退还发包人已付的定金;已开始设计工作的,发包人应根据设计人已进行的实际工作量,不足一半时按该阶段设计费的一半支付,超过一半时按该阶段设计费的全部支付。

②发包人应按本合同规定的金额和时间向承包人支付设计费,每逾期支付一天,应承担支付合同金额2‰的逾期违约金;逾期超过30天以上时,承包人有权暂停履行下阶段工作,并书面通知发包人;发包人的上级或设计审批部门对设计文件不审批或本合同项目停建、缓建,发包人均须按前款规定支付设计费。

③承包人对设计资料及文件出现的遗漏或错误负责修改或补充;由于承包人员错误造成工程质量事故损失,承包人除负责采取补救措施外,应免收直接受损失部分的设计费;损失严重的,根据损失的程度和设计人责任大小向发包人支付赔偿金。

④由于承包人自身原因,延误了按本合同规定的设计资料及设计文件的交付时

间,每延误一天,应减收该项目应收设计费的 2‰。

⑤合同生效后,承包人要求终止或解除合同,承包人应双倍返还定金。

⑥双方均应保护对方的知识产权,未经对方同意,任何一方均不得对对方的资料及文件擅自修改、复制或向第三人转让或用于本合同项目外的项目。如发生以上情况,泄密方承担一切由此引起的后果并承担赔偿责任。

5.3　建筑师履行合同的责任

5.3.1　建筑师履约责任

《中华人民共和国合同法》第 60 条规定,当事人应当按照约定全面履行自己的义务。任何合同义务的不履行,都是对合同规定的违反,都将构成违约。违约责任是指责任主体不履行或不完全履行合同义务而应当承担的责任。因此,建筑师的行为背离合同所产生的责任都是违约责任。

在探讨建筑师的违约责任之前,首先要明确建筑师的履约行为与违约行为。履约是一种法律行为。从法律行为方式的角度,可以将建筑师的履约行为分为"作为"的法律行为和"不作为"的法律行为。所谓"作为"行为,是指建筑师的主动、积极行动,如建筑师向业主或其施工方提出的设计方案,会同各方面专家预先进行建筑策划,完成项目可行性论证等;所谓"不作为"行为,是指建筑师的消极行为,如建筑师的失职、玩忽职守等。

针对设计行为的特点,建筑师履约的具体方式和要求可以归纳为如下几种。

①建筑师应按国家技术规范、强制性标准、规章及发包人提出的设计要求,进行工程项目设计,按合同规定的进度要求提交质量合格的设计资料,并对其负责。编制方案、设计文件,应当满足编制初步设计文件和控制概算的需要。编制初步设计文件,应当满足编制施工招标文件、主要设备材料订货和编制施工图设计文件的需要。编制施工图设计文件,应当满足设备材料采购、非标准设备制作和施工的需要,并注明建设工程合理使用年限。

②设计文件中选用的材料、设备、配件,应当注明其规格、型号、性能等技术指标,其质量要求必须符合国家规定的标准。除有特殊要求的建筑材料、专用设备和工艺生产线外,建筑师不得指定生产厂或供货商。

③建筑师应当按合同的规定内容、进度及份数向发包人交付资料及文件。

④建筑师交付设计资料及文件后,按规定参加有关的设计审查,并根据审查结论负责对不超过原定范围的内容作必要调整补充。建筑师按合同规定时限交付设计资料及文件,确保项目按时施工,负责向发包人及施工单位进行设计交底,处理有关设计问题和参加竣工验收。在年内项目尚未开始施工,建筑师仍负责上述工作,但可按所需工作量向发包人适当收取咨询服务费,收费额由双方商定。

⑤建筑师应保护发包人的知识产权,不得向第三人披露、转让发包人提交的产品图纸等技术资料。

建筑师应注意履行的主要工作见表 5-2。

表 5-2　建筑师应注意履行的主要工作

类型	类型相应的基本内容
建议	根据法律的规定和合同的授权,建筑师应当利用自己的专业知识和技能进行判断,向业主、承包商、设计人或其他有关各方提出自己的专业建议
指令	根据业主的委托,在工程质量、进度和投资方面代表业主进行监督管理,及时向施工方作出必要的指令
检查	在建筑师承担监理任务时,检查是其重要的工作职责,也是一种重要的履约方式
监督	对施工方是否符合设计要求进行监督,以确保建筑质量,尤其在建筑师接受业主委托进行合同管理或监理任务时,其监督责任更重
确认	对于委托人的不明确指示,应当在提供专家意见并予以确认,以免设计不符合委托人本意而出现争议
协商	设计方案应当向委托人做必要说明,并与之协商确定

一般意义上的民事违约形态主要分为履行不能、履行拒绝、履行迟延和不当履行。对建筑师来说,应该在设计委托合同约定的范围内,运用其专业知识和技能,谨慎、勤勉地工作,为业主提供设计及管理服务。若建筑师的行为违反了设计服务合同的约定,即构成违约。

通过上述设计履约的行为方式来分析,具体到建筑师在从事设计活动的过程中,可能的违约行为方式有如下几种。

一是越权。设计合同有委托性质。建筑师应在委托授权的范围内为业主提供服务,如果建筑师违反这一点,就可能发生越权的错误行为,例如建筑师超出委托人要求范围进行设计。

二是失职。是指建筑师在设计过程中不履行或不适当地履行合同约定的义务,也就是不按照上述履约方式来履行设计职责。例如不按照建筑工程质量、安全标准进行设计,造成工程质量事故,并造成损失的;未根据勘察成果文件进行工程设计,造成工程质量事故,并造成损失的;指定建筑材料、建筑构配件的生产厂、供应商,造成工程质量事故,并造成损失的。

三是未尽职。建筑师的设计工作成效和其主观能动性是有密切关系的,其好坏的判断也有很大的伸缩性,对于上述的建议、指令、检查、监督、确认及协商等履约行为,同样的建筑师、同样的工作内容,但最终的效果可能完全不同。运用自身掌握的专业知识技能,尽职尽责,谨慎、忠诚地完成设计委托合同约定的义务,是对建筑师的基本要求。如建筑师因未尽到必要的说明义务,造成设计未完全达到委托人满意的程度,即为未尽职。建筑师未尽职虽然并不一定导致委托人的损失,但这种未尽职行为也是一种违约。

5.3.2　建筑师负责制

（1）建筑师负责制的概念

2017 年住房和城乡建设部发布的《关于在民用建筑工程中推进建筑师负责制的指导意见（征求意见稿）》中指出，"建筑师负责制是以担任民用建筑工程项目设计主持人或设计总负责人的注册建筑师（以下称为建筑师）为核心的设计团队，依托所在的设计企业为实施主体，依据合同约定，对民用建筑工程全过程或部分阶段提供全寿命周期设计咨询管理服务，最终将符合建设单位要求的建筑产品和服务交付给建设单位的一种工作模式"。我国建筑师负责制的推进历程如图 5-5 所示。

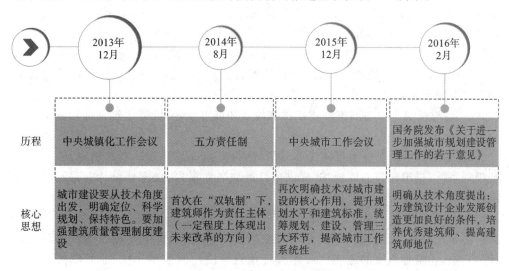

历程	中央城镇化工作会议	五方责任制	中央城市工作会议	国务院发布《关于进一步加强城市规划建设管理工作的若干意见》
核心思想	城市建设要从技术角度出发，明确定位、科学规划、保持特色。要加强建筑质量管理制度建设	首次在"双轨制"下，建筑师作为责任主体（一定程度上体现出未来改革的方向）	再次明确技术对城市建设的核心作用，提升规划水平和建筑标准，统筹规划、建设、管理三大环节，提高城市工作系统性	明确从技术角度提出：为建筑设计企业发展创造更加良好的条件，培养优秀建筑师、提高建筑师地位

图 5-5　我国建筑师负责制的推进历程

对于建筑师的权责，征求意见稿认为，一方面，实行建筑师负责制的项目，建设单位应在与设计企业、总承包商、分包商、供应商和指定服务商的合同中明确建筑师的权利及服务报酬，并保障建筑师权利的有效实施，建筑师负责制服务收费，应纳入工程概算；另一方面，因设计质量造成的经济损失，由设计企业承担赔偿责任，并有权向签章的建筑师进行追偿，但建筑师负责制并不意味着免除总承包商、分包商、供应商和指定服务商的法律责任和合同义务。

（2）建筑师负责制推进原则

①按照适用、经济、绿色、美观建筑方针，在民用建筑工程中充分发挥建筑师的主导作用，推进建筑师负责制，鼓励提供全过程工程咨询服务，明确建筑师的权利和责任，提高建筑师的地位，提升建筑设计供给体系质量和建筑设计品质，增强核心竞争力，满足"中国设计"走出去和参与"一带一路"国际合作的需要。

②坚持政府引领和市场培育，住房和城乡建设部将国际通行做法与我国的国情

相结合,注重运用经济手段和法治办法加强对建筑师负责制的引导,充分发挥市场在资源配置中的决定性作用,尊重工程建设的内在要求,明确企业主体地位,最大限度激发建筑师活力和创造力,依据合同约定提供服务,促进工程建设水平和效益提升,统筹兼顾,重点突破,在有条件地区的民用建筑工程中逐步推进建筑师负责制。

③推进民用建筑工程全寿命周期设计咨询管理服务,从设计阶段开始,由建筑师负责统筹协调各专业设计、咨询机构及设备供应商的设计咨询管理服务,在此基础上逐步向规划、策划、施工、运维、改造、拆除等方面拓展建筑师服务内容,发展民用建筑工程全过程建筑师负责制。

(3)构建建筑师负责制组织模式

①建筑师负责制是以担任民用建筑工程项目设计主持人或设计总负责人的注册建筑师为核心的设计团队,依托所在的设计企业为实施主体,依据合同约定,对民用建筑工程全过程或部分阶段提供全寿命周期设计咨询管理服务,最终将符合建设单位要求的建筑产品和服务交付给建设单位的一种工作模式。

②注册建筑师依托所在设计企业,依据合同约定,可以提供工程建设全过程或部分以下服务内容(图5-6)。

a. 参与规划。参与城市修建性详细规划和城市设计,统筹建筑设计和城市设计协调统一。

b. 提出策划。参与项目建议书、可行性研究报告与开发计划的制定,确认环境与规划条件、提出建筑总体要求、提供项目策划咨询报告、概念性设计方案及设计要求任务书,代理建设单位完成前期报批手续。

c. 完成设计。完成方案设计、初步设计、施工图技术设计和施工现场设计服务。综合协调把控幕墙、装饰、景观、照明等专项设计,审核承包商完成的施工图深化设计。其中,建筑师负责的施工图技术设计重点解决建筑使用功能、品质价值与投资控制;承包商负责的施工图深化设计重点解决设计施工一体化,准确控制施工节点大样详图,促进建筑精细化。

d. 监督施工。代理建设单位进行施工招投标管理和施工合同管理服务,对总承包商、分包商、供应商和指定服务商履行监管职责,监督工程建设项目按照设计文件要求进行施工,协助组织工程验收服务。

e. 指导运维。组织编制建筑使用说明书,督促、核查承包商编制房屋维修手册,指导编制使用后维护计划。

f. 更新改造。参与制定建筑更新改造、扩建与翻新计划,为实施城市修补、城市更新和生态修复提供设计咨询管理服务。

g. 辅助拆除。提供建筑全寿命期提示制度,协助专业拆除公司制定建筑安全绿色拆除方案等。

③对合同双方的要求。实行建筑师负责制的项目,建设单位应在与设计企业、总承包商、分包商、供应商和指定服务商的合同中明确建筑师的权利,并保障建筑师权利的有效实施。建筑师应自觉遵守国家法律法规,诚信执业,公正处理社会公众

图 5-6　建筑师负责制下的建筑师服务内容

利益和建设单位利益,维护社会公共利益,及时向建设单位汇报所有与其利益密切相关的重要信息,保证专业品质和建设单位利益。

④保障建筑师合法权益。借鉴国际通行成熟经验,探索建立符合建筑师负责制的权益保障机制。建设单位要根据设计企业和建筑师承担的服务业务内容和周期,结合项目的规模和复杂程度等要素合理确定服务报酬,在合同中明确约定并及时支付,或者采用"人工时"的计价模式取费。建筑师负责制服务收费,应纳入工程概算。倡导推行建筑师负责制职业责任保险,探索建立企业、团队与个人保险相互补充机制。

⑤明确相关法律责任和合同义务。在提供建筑师负责制的项目中,建筑师应承担相应法定责任和合同义务,因设计质量造成的经济损失,由设计企业承担赔偿责任,并有权向签章的建筑师进行追偿。建筑师负责制不能免除总承包商、分包商、供应商和指定服务商的法律责任及合同义务。

【本章小结】

本章的重要知识点是建筑设计合同的基本内容,以及建筑师履行合同的责任。首先简介了建设工程合同的概念、法律特征以及合同管理内容与制度,然后介绍了建设工程设计合同的基本内容和履行责任,另外还重点解释了建筑师的履约责任及建筑师责任制。

【思考与练习】

5-1　建设工程合同的内涵与分类是什么?

5-2　建设工程合同的法律特征有哪些?

5-3　建设工程合同的组织机构和管理工作制度是什么?

5-4　建设工程设计合同的履行责任包括哪些内容?

5-5　建筑师履约的具体方式和要求是什么?

5-6　建筑师负责制的推进情况和推进原则是什么?

第6章　建筑工程设计各阶段中的建筑师业务

6.1　建筑师全程业务阶段差异

6.1.1　联合国的职业建筑师职能定义

以下是联合国产品分类目录,其中对职业建筑师职能的定义包含了职业建筑师从前期企划到施工合同管理的全过程。

8671.建筑服务

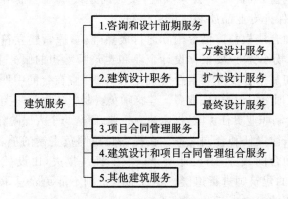

联合国职业建筑师职能定义中的建筑服务类型

86711.咨询和设计前期服务:涉及新、旧建筑及其有关事项的技术咨询、研究和提出建议服务。具体内容包括建设项目投资地点、效益和发展前景可行性研究,以及建筑的居住环境、气候条件、投资费用和场地选择等可行性研究,同时提出建设方案、工程进度、质量和费用控制方案,并对影响项目设计和建设的问题提出解决方案。

86712.建筑设计服务:主要包括方案设计服务、扩大设计服务和最终设计服务3部分。

方案设计服务:确定项目的基本性质,明确环境、功能和空间要求,费用预算限额和进度计划,以及绘制能够反映建筑项目性质与特点的场地平面,建筑方案平、立、剖面图。

扩大设计服务:根据方案设计确定的场地平面,建筑平、立、剖面图,进一步确定结构方案,选择建筑材料,确定设备、电气配置系统以及概预算等,对设计思想进行更明确的表达。

最终设计服务:设计图纸和文件深度能够满足招标书和建设的要求,以及招标时向委托人提供专家建议。

86713.项目合同管理服务：在建设阶段向委托人提供技术咨询和管理服务，以保证建设的建筑物与最终设计图纸和说明书一致。具体包括现场管理、施工监督检查、质量、进度和费用控制，向承包商颁发费用支付证明等。

86714.建筑设计和项目合同管理组合服务：建筑师同时提供咨询、设计前期服务、建筑设计服务和项目合同管理服务，同时也可包括建设后期评价和修正工作。

86715.其他建筑服务：需要建筑师经验的一切其他服务。

在现代的建造、建筑生产过程中，业主、雇主、客户、设计方、建筑师、工程师（含设计监理业务）、承包商、施工方（含总承包商、分包商、专业厂商）构成了建造、建筑生产体系的基本生产关系。

业主与建筑师的代理合同关系，业主与承包商的采购、承包合同关系，体现了不同的合同关系和风险的分配方式。建筑师作为专业技术人员和业主利益的代理人，在业主要求的环境品质和限定的资源条件下，制定建筑的功能和技术性能指标，并创造性地整合各种技术方案和空间安排，通过设计图纸与文件的表达记录方式，向施工者准确传达并监督、协调其实施过程，以达到业主对品质、造价、进度等的要求。

6.1.2　各国职业建筑师全程业务流程

（1）英国皇家建筑师协会（RIBA）业务流程

英国皇家建筑师协会的工作手册（1995 年第 6 版）中规定的职业建筑师设计服务基本步骤如下：

①起始阶段；

②可行性研究；

③设计纲要（方案设计）；

④初步设计；

⑤详细设计（扩大初步设计）；

⑥施工图文件（产品信息）；

⑦工程量清单；

⑧招投标；

⑨项目管理计划；

⑩现场合同管理；

⑪竣工；

⑫总结反馈。

（2）美国建筑师学会（AIA）业务流程

美国建筑师学会文件 B141 标准合同规定了业主与建筑师之间的合同关系及基本权利和义务，明确了建筑师作为建筑生产关系中委托人、业主和承包商、施工方之间的公正的、专业的第三方的角色定位。

美国建筑师的业主服务(美国建筑师学会文件 B141)包括以下 9 个方面的标准服务内容:

①项目管理服务(制作项目进度表,向业主演示汇报,协助业主完成行政申请并获得批准,进行项目预算和造价的评估等);

②支持服务(设计任务书、地质报告、环境报告等,一般由业主及其顾问等提供,除非特殊声明,建筑师不负责此工作);

③评估与策划服务(由业主和建筑师的协议决定);

④设计服务(包括方案设计、设计发展、施工文件 3 个步骤);

⑤施工管理服务(招投标);

⑥合同管理服务(监理督造);

⑦设施调试服务(竣工交付);

⑧服务进度表;

⑨其他服务。

(3)澳大利亚建筑师学会(RAIA)业务流程

澳大利亚建筑师学会业务流程包括以下内容:

①设计前期服务与现场踏勘;

②方案设计;

③初步设计;

④施工图设计文件;

⑤招投标服务;

⑥施工管理;

⑦附加与特殊服务。

(4)新加坡建筑师学会(SIA)业务流程

新加坡建筑师学会的《业主委托建筑师服务合同》中规定的建筑师服务包括以下内容。

①建筑师的基本服务:

a. 方案设计阶段;

b. 设计发展阶段;

c. 合同文件阶段;

d. 工程施工阶段;

e. 工程完工阶段。

②附加的或特别的工作。

(5)日本四会联合协定的业务流程

日本的新日本建筑家协会、日本建筑士联合会、日本建筑士事务所协会联合会、日本建筑业协会四会联合协定的建筑设计、监理业务委托合同条款以及工程承包合同条款,是在综合传统木构营建体系和近代西方传入的建筑学体系之后的各方利益平衡的体现,显示了东方建造体系中对服务、代理理解的一些特殊性。建筑师的业务主要分为两大部分:建筑设计业务与建筑监理业务。

①建筑设计业务:

a. 团队、体制建设;

b. 调研,企划;

c. 基本设计;

d. 实施设计(合同图纸、施工图设计)。

②建筑监理业务:

a. 团队的组建;

b. 工程承包的技术协助业务;

c. 监理。

6.1.3　我国职业建筑师的全程业务导向

美国建筑师学会(AIA)、英国皇家建筑师协会(RIBA)、新加坡建筑师学会(SIA)、日本建筑师多个职业协会等对建筑师职业服务的规定中,详细描述了建筑师的职业服务与流程。国际通行的职业建筑师职能体系与我国现行的建筑师服务仅限于设计阶段不同,具有全程服务、全面代理的特性,这既符合建筑师职业创立之初的定位,也与世界贸易组织等国际组织对产品和服务的分类定义相吻合。

面向未来和世界的中国建筑师职业服务体系的基本要点包括以下内容。

(1) 全面代理,全程服务——建筑师不仅仅是做设计,而且是作为业主代理的建造全过程的监控者

起源于古希腊、成形于 18 世纪末英国的现代职业建筑师制度是为了保护投资人/业主的利益和建筑市场的公正而产生的独立职业(profession),建筑师不仅是设计合同的执行者和乙方,也是业主在建筑市场的代理人,同时也是业主、建造方(承包商)以及整个建筑市场的技术公正的监督者。因此,建筑师的职业地位和社会信任需要高度的专业知识和职业精神(professionalism,诚信和道德)来保证,因此建筑师的培养需要经过专门、长期的职业化教育和从业资格考试,同时也要有建筑师学会的道德监督和自律自治。

目前国际通行的建筑师需要负责项目设计、施工、交付全过程的质量、进度、成本控制和合同、文档管理,即建筑实践(建筑学服务),职业建筑师的职能包含设计和监理两方面内容("监理"一词最早见于日本建筑界,日本建筑设计事务所的法定业务内容就是"设计、监理";监理的英文 supervision 也正是美国建筑师学会 AIA 规定的建筑师的基本职能之一)。联合国的产品目录中也将"建筑服务"定义为建筑设计和合同管理的综合服务。建筑师作为业主的代理,对建造活动的全过程进行控制,以保证业主的利益和城市、建筑的公共利益。业主是投资者,负责整合土地、资金、需求,建造过程可以全权委托建筑师(建筑师主导的专业团队)来执行,不需要另行

筹建专业的管理团队。中国第一代本土建筑师吕彦直的南京中山陵、广州中山纪念堂都是采用了这种设计＋合同管理的模式(图6-1)。

图6-1　全权代表吕彦直主持广州中山纪念堂建造的建筑师黄檀甫

在我国现有的工程监理体制下,职业建筑师本应承担的建造活动的管理由监理工程师、业主工程部(指挥部)来承担,建筑师的设计服务仅限于设计阶段的图纸交付,建筑师没有权利控制材料、质量、进度、造价,自然也无法控制整体的建筑质量,作为社会责任监管的政府规划管理部门(规划、消防、人防、绿化等公共管理部门)和质量检查部门只负责建筑的最低限度的合格质量,监理工程师缺乏对设计的整体了解和学术支撑,缺乏为业主利益和设计实现的解释、变更、监控的地位及能力,造成现场只能照图施工,制度性地造成了建筑师在建造现场的缺位。由此,建筑师往往将建筑设计称为"遗憾的艺术"(无法控制建造过程和最终效果),建筑师的职业训练和设计观念也由此停留在图纸设计和表面的形式上,对建筑的技术、材料、施工、管理等知识的缺乏成为中国建筑师的软肋,也是中国建筑师和建筑设计在国际建筑师协会(UIA)等国际组织中和国际竞争中缺乏话语权、缺乏竞争力、无法制定标准的一个重要原因。

(2) 产品导向、过程控制的设计服务过程——一个需求到产品的技术翻译、客户价值创造、解决方案提供的过程由于建造过程的项目特征,建筑生产过程是一个建筑产品制造和提供相应服务的过程,从项目管理系统的角度,可以归结成一个需求发现和满足、问题发现和解决的过程。建筑生产的全过程是空间环境的求解过程,是建筑需求、业主目标、资源限制中需求平衡和共赢的过程。职业建筑师通过建筑实践(实务、活动,architectural practice)提供的是建筑服务(architectural service),而不仅仅是设计图纸等文件,还包括整个设计到建造过程的管理,最终为业主提供一个完整的解决方案。

各个国家根据其建筑市场的特点有不同的要求,一般可以把建筑生产的全过程分为策划—设计—施工三大阶段,每一个阶段都是对功能需求、约束条件和资源条件、技术手段中的最优解的探求和求解的过程(表 6-1)。

表 6-1　各国建筑师与相关的建筑生产各方

美国建筑师学会(AIA)文件	委托人/业主,建筑师,承包商。业主与建筑师将尽自己权利、彼此合作地完成各自的责任。在所有项目组成员间都应以意志和坚韧保持良好的工作关系
新加坡建筑师学会(SIA)文件	委托人/业主,建筑师,承包商
FEDIC 文件的施工合同条件	雇主(employer)/客户(client),工程师(engineer)/咨询工程师(consultant),承包商(contractor)
日本建筑士四会联合协定文件	甲方/委托人,乙方/受托人/建筑师,施工方/承包商
国际通行惯例的综述	建筑生产的三方:委托人/业主/雇主,建筑师/工程师/受托人,承包商
中国建筑法规及条例	发包人/业主,设计方/建筑师,监理方,施工方。在时间上,设计阶段为监理方不参加的三方,施工阶段为设计方不参加的三方

目前我国建筑界的主要问题是,专业化的建筑师在整个建造过程中的缺位和服务的片段化,造成建设市场中价格成为主要、甚至唯一的评价标准,严重阻碍了建筑施工、部品厂商、建筑设计行业对技术研发的关注和投入,造成整个行业的畸形运转和巨大浪费。对于服务标准,我国目前还只是从设计深度和设计收费的角度对服务流程提出了一些外在的检验指标,而且仅涉及建筑设计环节,前期策划和后期督造都未涉及,更无对服务质量本身的过程控制与管理的标准,无法针对设计服务的产品无形、个性密集、单品生产、技术适宜、过程管理的特点进行有效的监控,更无法提高设计品质和促进产品创新。

(3)专业化的技术,职业化的精神,产业化的管理——建筑设计服务的方式

从服务管理和营销的角度来看,建筑设计本身就是一个典型的服务(产品)无形、单品生产、智力密集、技术适宜、过程管理、个性突出的工作,设计企业都是项目流程管理的企业和服务产品的供应商,如同产品生产和提供服务的其他企业及产业一样,需要科学的组织和管理。而科学管理的核心是商业模式(业务流程)的标准

化、程序化和可复制化,这是企业战略规划、组织架构、绩效考评、研发拓展的基石和抓手。正如企业管理中流程再造(business process reengineering,BPR)理论所言,设计服务就是一个典型客户价值创造的流程,是一个有明确的输入资源和输出成果的特定工作;而管理就是一个连续产生新的非标准化操作规范和新的非程序性决策,并不断把它们转化为标准化操作和程序性决策的过程。设计企业的核心竞争力和最终价值的创造就是通过流程的优化和再造而得以实现的。

建筑设计服务,也被称为建筑学服务,作为一种建筑师提供的职业服务,其核心就是以设计的产品或服务满足客户需要。设计服务的要素可以概括为"6P",如图6-2所示。

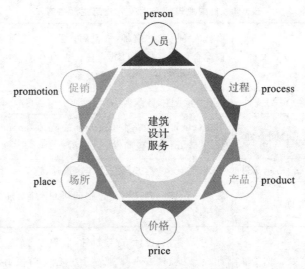

图 6-2 建筑设计服务的"6P"要素

①人员(person)——全员服务,每位建筑师和建筑师团队的每个设计人均代表着企业的形象和服务质量;只有每个员工能力提升和保持专注,服务才能提升;同时,客户作为设计研讨的重要一方参与其中,共同研讨和体验。

②过程(process)——服务是过程的体验,而非产品的交付;画图和技术只是其中一个方面,与客户交谈、解决烦琐的小问题、处理投诉都是设计服务重要的内容;客户是唯一的上帝和永远的伙伴。

③产品(product)——应需而变,为客户而改变是服务的关键;设计流程、设计周期的目标就是满足客户要求的时间和质量;整合资源,提供高效、高质、个性化、低成本的设计服务是立业之本;设计图纸、说明、文档记录是服务的固化体现和质量控制的依据。

④价格(price)——设计服务收费是企业生存之本,必须使客户获得的价值超出期望(物超所值)才会有及时的支付和持续的客户;设计的成本控制依靠高效的流程管理和经验预警。

⑤场所(place)——服务提供的场所和氛围是服务质量的外在固化表现,因此设计事务所的员工风貌、室内环境、工作气氛都是客户评价服务的重要指标。

⑥促销(promotion)——由于设计服务是典型的关系型交易,客户作为战略合作伙伴、建筑师作为咨询资源的长期合作关系的建立与维系需要大量的投入和一体化、包围式的服务。

因此,建筑设计是面向客户的专业化技术、职业化精神、产业化管理、全程化过程的服务。设计是立足于现有资源条件下最适、最优的环境整体解决方案的推导、求解过程,也是建筑师与客户及各种专业人士的团队协作、多解分析、整合资源的产品研发的过程。以设计企业为主体,设计服务过程为核心,就需要建立一套完整的、可操作的控制体系,通过企业定位和核心竞争力类型界定核心流程、价值链分析优化流程,形成程序化、模板化的流程控制和质量管理体系,形成可量、可控、可复制的设计服务工作手册和实施平台,服务于设计实践并提高整个行业的技术管理水平。这是中国设计企业走向设计服务产业化、跨地域集团化、竞争国际化的关键,也是实现业主价值最大化和社会资产最优化的必备条件。

6.2 建筑工程设计核心阶段业务内容

根据《建筑工程设计文件编制深度规定(2016 年版)》的相关规定,现在我国建筑工程设计核心阶段业务仍呈现为方案设计、初步设计和施工图设计。

6.2.1 方案设计阶段

通常情况下,方案设计阶段一般需要 40~45 天。

方案的优劣直接关系到设计的成败,它为建筑项目的若干阶段提出指导性的文件,是衡量建筑师能力高低的重要标准,直接决定了建筑的最后效果。一般来说,不论是委托设计还是设计竞赛,设计合同一般都是在设计方案正式确定以后才签订。

方案设计是最具创造性且随意的工作,也是建筑师相对理性的探索过程。它从阅读设计任务书开始,包含准备阶段、概念阶段和完善阶段等,各个阶段在实际过程中又是交互进行的(图 6-3)。

(1) 准备阶段

这一阶段需时约 7 天。在方案设计的准备阶段,首先要建立团队;其次要运用各种手段、以各种方式收集大量有关功能、场地和建筑法规等方面的资料信息;然后对相关资料进行分析。虽然掌握的信息越多,方案成功的可能性就越大,但是等到信息完全了解清楚以后再开始也会耽误时间。为了解决时间和信息之间的矛盾,抓住重点并逐步深入地收集相关资料是一种行之有效的办法,例如有关详细的建造、施工、调试和运行等信息在设计之初并不是太急需,只做大概了解就可以了。

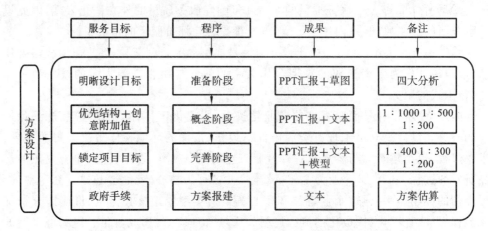

服务目标	程序	成果	备注
明晰设计目标	准备阶段	PPT汇报+草图	四大分析
优先结构+创意附加值	概念阶段	PPT汇报+文本	1:1000 1:500 1:300
锁定项目目标	完善阶段	PPT汇报+文本+模型	1:400 1:300 1:200
政府手续	方案报建	文本	方案估算

（方案设计）

图 6-3　方案设计阶段建筑师的设计程序

①团队组建。没有合理的组织结构就不能很好地完成设计任务,组织一个优秀的团队是项目设计良好的开端。

②消化任务书。任务书通常是在设计之前就已确定,建筑师一般不对其可行性进行分析,只是照章设计,直至满足设计任务书的全部要求。但事实上并非所有任务书都是正确的。建筑师根据自身的经验和能力,重新审视资料是否详尽、合理、准确,需要的话可以和业主一起对任务书做一些必要的调整。建筑师通过与业主面对面的交流沟通,用记录的形式收集业主在任务书上没有表达的一些具体要求,以及一些其他有影响人物的要求,乃至整个社会的要求。

③现场踏勘。场地的环境即使无人干扰也在持续变化,现状与地形图相比肯定有所区别,图纸的想象与现实的体验也绝对不一样,这些都需要建筑师深入现场去调查研究,现场踏勘是创新成功的前奏(图6-4)。

建筑师带着地形图、尺子、数码相机和速写设备等工具,在业主的陪同下对场地进行考察和亲身体验,一方面从图纸中想象身临其境,另一方面认清地形图的特征。在考察过程中,建筑师要尽可能多地收集对设计有重要影响的信息,做好周围环境、地形、地貌及已有建筑文脉的调查,并在地形图上标注出地形特性、景观、突出的地点、存在问题的小路等。踏勘中往往需要一些测量和拍照工作,把引人注意的东西用数码相机拍摄下来,并在图上注明取景点和拍摄角度,有可能的话可在场地的中心点拍摄一系列全景照片,由此确定景窗的位置和方向。照片能重现几乎整个场地特征,可在创作过程中随时使用。

从理论上讲,一般要用1年的时间才能了解当地固有的韵律、周期和模式。还可在基地中静坐数日,沉思基地的特征,细心考察四周的建筑处理手法、使用等情况,追溯场地的自然演变过程,一段时间后会对场地产生深刻的认识和理解,随后推导出应该如何处理建筑,如何适应自然环境。贝聿铭在设计罗浮宫扩建工程时,通过到现场亲身体验来找到解决问题的关键,从而创作出富有时代意义的玻璃金字塔形

图 6-4　岭南国际建筑师公社大师团队在港头村现场踏勘

象（图 6-5）。

图 6-5　贝聿铭在罗浮宫体验玻璃金字塔 1∶1 尺度模型

　　海森伯测不准原理告诉我们：任何工具和方法都无法分毫不差地描述场地的真实情况，它们只是从不同角度记录场地的部分信息。建筑师需要把现场踏勘、勘探资料、地形图和航空拍摄图结合起来综合研究分析，逐渐形成比较接近场地现实的总体认识。目前在地图网站上比较容易得到半年以前的航空拍摄图。虽然航空拍摄图直接表现实际状况，可以读出植物的种类和长势、建筑情况、活动迹象、交通状况等用其他方法看不见的信息，但是也有缺点：边界不够准确，所有信息(如比例、标高和坐标)都没有经过数字化处理等。

④参观调研。参观调研包括实物参观和资料调研两个部分。实物参观是选择业主比较感兴趣的建筑亲临现场考察研究，最好与业主同行，在考察过程中相互交流，了解业主的意图和想法，记录实例中成功的经验和失败的教训，以供创作参考。资料调研，主要是利用建筑师平时积累的丰富资料，找出相类似建筑中的范例；从现行规范和建筑资料中获得各种规范要求、建筑功能要求和该地区的气候气象资料；从业主或相应的政府机构获得规划要点、市政条件、地形图等。与项目相关联的自然、人文、技术、环境和经济等方面的文献资料是无止境的；全部查阅有耗时过多的问题，这就要求建筑师平时善于学习和思考，多积累相关知识，在设计过程中加以运用。

⑤分析整理。直觉与本能显然不能代替严谨的调查分析。收集了大量的资料信息以后，需要经过良好的分析综合，为下一阶段设计构思做好充分的准备工作。分析整理的结果是用图表、模型和分析图的形式来展示的，从大量场地的信息资料中发现对建筑创作有影响和有价值的东西，形成场地特征表(表6-2)。

表6-2 场地特征表

场地特征类别	场地特征具体内容
场地的大体印象	现有的场所感受，使用注记、速写、平面、照片来记录包括可识别性在内的各种信息
场地的形态特征	场地的大小或范围、面貌特征、边沿、坡度、地表情况、排水与水源、植物、生态、建筑物及其他特征
场地与周边关系	土地使用、道路与步行道、公共交通节点与路线、地区设施与服务及其他特征
场地的环境因素	朝向、日照、气候、微气候、主导风、阴影等
场地的景观特征	视景、视线走廊、景观序列、吸引人的景致、城镇景观、周边环境质量、标志、边沿、节点、入口通路、空间序列
场地的有害情况	地陷、地壳滑动、湿软土地、故意的破坏、不相容的活动、相邻地段使用功能、不安全感、污染、噪声、有害气体等
场地的人文痕迹	期望路线、行为情景、整体气氛、聚集场所与活动中心
场所的建筑文脉	地方材料、传统、风格、细部设计、主导的建筑与城市设计文化、城市肌理以及考古意义

对业主提供的地形图进行整理，图中标注出现场踏勘了解的影响建筑的信息，

打印成 A3 幅面的地形图,以方便绘制构思草图;对复杂的地形进行场地分析,制作透明纸,将各种分析结果一层一层叠加起来;复杂的地形一般要做成沙盘,周围建筑要做成体块模型,它们能真实直观地反映现实情况,为下一阶段的讨论和多方案比较提供一个真实的平台。

(2)概念阶段

这一阶段需时约 21 天,是建筑方案创作中的构思阶段,是建筑师思维最为活跃的阶段,也是方案创作的主要阶段。整个过程都是在项目建筑师的主持下进行的,大致可分为建筑定位、多方案比较和方案的基本确定 3 个阶段。

在整个过程中,"脑力激荡法"是非常有用且有趣的工作方法,它以办公室一连串的讨论为基础,鼓励构想的自由交流和碰撞,是能有效产生大量方案的方法,也是团队的核心创造性方法。它放开了建筑师的思路,激发了建筑师的创造性思维,可以在短时间内迸发出许多思想的火花。在讨论的过程中,要注意尽可能地吸引其他各相关领域的专业人员、团队以外的建筑师一起参加,并遵守五条基本规则,如图 6-6 所示。

图 6-6　"脑力激荡法"的五条基本规则

"脑力激荡法"是突破个人的局限,发挥集体智慧的一种方法。建筑师可以不断与多方面的人对话,取得多样信息,主持协调多系统、多专业的研究,并随时集中到建筑方面来。建筑师可以在各个阶段的完成点上尽情使用"脑力激荡法",并可推广到整个设计过程中去。

扮演角色(即暂时成为正在设计的建筑的一个使用者或建筑相关者)也是一个良好的创作思维方法,如设计学校时建筑师可以扮演学生、校长的角色;设计盲人住宅,则要蒙住眼睛过上一个星期,去体会盲人的生活。

建筑和人一样都有一定的社会地位和角色。在对建筑相关的自然、社会、技术、环境和经济问题调查分析以后,随后的工作就是确定建筑的定位,从更宏观的层次和角度思考建筑的方向问题(图 6-7)。

在完成了创作的基本准备工作以后,运用"脑力激荡法",组织团队进行第一次关于建筑定位的集体讨论,根据项目的具体情况,邀请团队以外相关人员或建筑师参加。在开会之前把任务书和地形图发给与会的每个人,然后介绍项目概况、现场

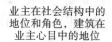
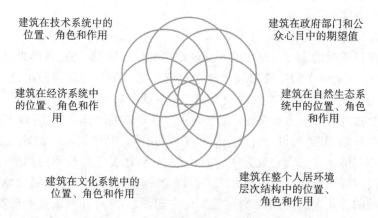

图 6-7　思考建筑的宏观的层次和角度

踏勘、参观调研和分析整理的初步结果等；随后每人可以对不清楚的问题进行提问；参加会议的每个人轮流自由地发表对该建筑的基本看法（基本构思）；最后由项目建筑师根据大家的意见总结，决定一个或几个发展思路；最终的结果用文字和草图的形式来表现，供大家构思时参考。

　　多方案形成与比较。多方案的形成和比较需要进行多轮（按经验一般需要 3 轮）的讨论和比较，由此不断地深化着建筑设计的主题，用各种手段检验方案的可行性，方案在讨论和比较中越来越清晰（图 6-8）。

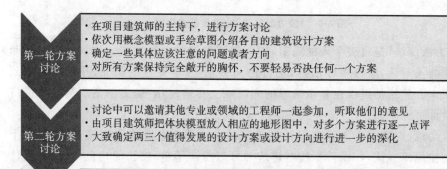

图 6-8　多方案形成与比较的三轮方案讨论定工作要点

①第一轮方案讨论(在建筑定位讨论后一个星期左右展开)。团队的每个成员根据初次在建筑定位讨论中获得的启发,尽情地发挥想象力,尽可能地激起新思路,运用发散思维形成各种新的建筑方案和构思。

②第二轮方案讨论(在第一轮讨论后的一个星期左右展开)。团队成员根据上次的意见分头深化或受到上次的启发发展出新的构思,并用电脑初步绘制建筑方案,以检验建筑方案的可行性和准确性:技术经济指标是否满足?技术是否可行?然后用在电脑图基础上绘制的设计草图(sketch 软件等)和比较准确的体块模型,进行第二轮的方案讨论。

③第三轮方案讨论(在第二轮讨论后的一个星期左右展开,图 6-9)。团队成员根据上次讨论的结果分组分头有选择地进行深化,从平面到造型、再从造型到平面不断循环反复地思考建筑方案,并用电脑画出平面图和初步透视图,做出相应的工作模型。

图6-9 何镜堂院士与团队进行方案讨论

(3)完善阶段

完善阶段的工作时间约需 10 天。精妙的构思都是以最后的成果被评价和认可的,最终的成果表达是方案优劣的决定性因素。有好的构思不一定有好的效果表现,没有好的效果表现就会前功尽弃,建筑师不能对此掉以轻心。

这一阶段是用劳动密集型方式来展开设计工作的(图 6-10)。在基本确定了建筑设计方案和设计方向以后,团队集中力量对方案进行全面的深化和包装。项目建筑师应把工作具体落实,成员间分工协作,各负其责。效果图可以委托专门的效果图公司制作,模型委托专业的模型公司制作,所有的工作都应主要在建筑师的跟踪指导之下进行,把握最后的成图效果;建筑师又根据各自的工作进程提出要求,协调工作顺利地进行。

在这一阶段,建筑方案也不是一成不变的,建筑师的创作思维仍在继续。可以根据效果图和模型反过来修改平面图,通过技术性问题的解决和对表达成果的推敲,推动建筑方案向更高、更完善的方向发展。

有了优秀的独特构思以后,在追求最完美的表现效果的过程中,要尽可能保证

图 6-10　完善阶段的表达结果大致分五个部分

精美性和真实性的完美统一,强化构想的精髓,使方案新颖独特,增强图面的艺术感染力,以最佳的成果展现给业主和评委。

（4）交流汇报

完成设计后就需要与业主、专家做面对面的交流和汇报,时间一般在 15 至 45 分钟。目前一般结合 PPT 文件一起介绍方案,个人演讲在 15 分钟左右,讲完后还有 5 分钟左右的提问时间（图 6-11）。

图 6-11　交流汇报场景

首先要把手中的素材进行整理,准备一篇字数在 3000 至 4000 字（按语速每分钟 200 字）的发言稿,尽量用精练的语言,分成三部分来表达设计思想,这样便于理解,同时还准备一段最简练的项目说明。其次,演讲要做好充分的准备,可在同事与非建筑专业人员面前进行多次预演讲,对出现的问题进行纠正,同时针对业主可能提出的 6 个最难以回答的问题,对演讲稿进行修改。最后,在正式演讲以前,提前对业主风格、经历与需求做认真的思考;要了解有多少人出席会议,分别是什么样的人,有什么需求和职业背景等;要事先检查房间和设备是否匹配,以免到时手忙脚乱。交流汇报的个人演讲注意要点如图 6-12 所示。

在会议结束以后可以追问业主还有什么问题,应表示有些不足的地方将来还可以修改,同时也可让业主坦白地告诉你方案和自身的不足,利用这些反馈可以避免类似的问题再度发生。

图 6-12 交流汇报的个人演讲注意要点

（5）方案报建

业主基本同意方案以后，会提出一些新的要求和修改意见，建筑师根据业主的要求、专家的评审意见、规划要点和规范等认真调整、深化建筑设计方案，提交方案报建图，协助业主向规划、消防等有关政府部门报建，促使报建工作尽快完成。

6.2.2 初步设计阶段

初步设计是在方案审批后到初步设计文件审批后的阶段，主要对方案进行技术性的深化和完善，在技术、经济和法规等层面上保证方案的可实施性，也为设备采购和施工准备提供了洽谈的基本条件。建筑师的主要工作在于协调设计团队内各专业的工作，以达到最佳建筑效果。初步设计阶段建筑师的设计程度如图 6-13 所示。

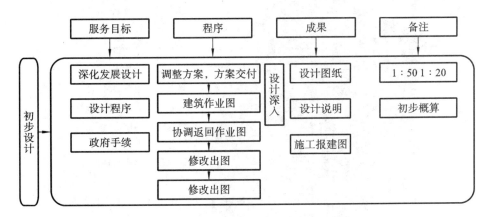

图 6-13 初步设计阶段建筑师的设计程序

（1）初步设计

初步设计主要完善三个方面的工作：首先，建筑师根据政府部门对方案的批复意见和专家的评审意见、外围的市政条件，继续修改和深化建筑方案，把修改后的建筑方案提交给各个专业工种；其次，在建筑师主持下，与其他各专业协商研究，确定结构体系、设备系统和设备机房,安排垂直管道的位置和走向,用综合管线方法来研究水平管道以确定标高和走向,把最后协调的结果呈现在建筑图上,最后各专业在确定的建筑图上深化各自图纸,以达到初步设计图纸深度的要求。

初步设计具有交叉作业、综合协调的特点,建筑师除了要深化和完善本身的图纸之外,还要综合协调各个专业,极大地考验着建筑师的协调能力。

初步设计最后的文件由设计说明书、设备清单、工程概算、设计图纸四部分组成,如图 6-14 所示。一般是装订成 A3 文本,交由建设主管部门审查、审批。

图 6-14 初步设计文件的四个组成部分

初步设计对于设计阶段的深度具有以下三个方面的重要性。

①设计说明书(图 6-15)。设计说明书不仅将设计内容基本定型,而且其设计深度也直接影响到后续工作的连贯性和细化程度。设计说明书要将初步设计尽量细化,除了介绍设计依据、工程概况、地质情况、施工工艺、结构选型、抗震等级等基本的内容和参数,还应当将建筑、结构、给水排水、强电、弱电、采暖、空调与通风、热能动力、智能、消防、节能、人防、环保、劳动安全卫生等各个方面的设计思路、设计标准和参数指标进行详细说明。

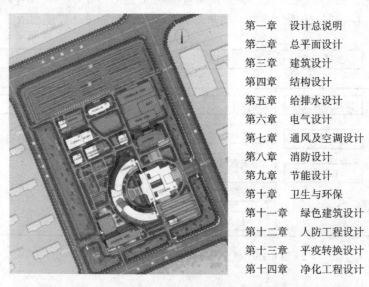

第一章 设计总说明
第二章 总平面设计
第三章 建筑设计
第四章 结构设计
第五章 给排水设计
第六章 电气设计
第七章 通风及空调设计
第八章 消防设计
第九章 节能设计
第十章 卫生与环保
第十一章 绿色建筑设计
第十二章 人防工程设计
第十三章 平疫转换设计
第十四章 净化工程设计

图 6-15 光谷科技大厦初步设计文件总平面及设计说明书目录

②设计图纸。初步设计阶段设计图纸的深度要尽量深化完善,甚至可以直接用于指导施工,可以使设计图纸中的问题和各专业图纸之间的矛盾被尽早发现,不仅

有利于施工图的完善和各专业设计之间的协调,而且能够有效缩短施工图设计阶段的时间,在施工图设计中可以着重针对建设单位对于项目局部功能的变更意见进行修改。另外,设计图纸的深度还有利于将工程概算书细化和实际化,对于控制工程项目的造价也有积极的意义。

③工程概算书。工程概算书的深度应完整并准确地反映设计内容,同时真实反映工程项目所在地的物价水平,在编制过程中不漏项、不重复。建设单位都把控制造价的主要精力放在施工阶段,而忽视了工程项目前期的工程概算工作,结果往往是事倍功半。其实工程项目造价的控制关键在初步设计阶段,是确定建筑设计重大技术问题、方案和标准的主要阶段,而这些因素都是控制工程项目造价的重要因素。

（2）初步设计审查

初步设计审查由建设行政主管部门主持,由业主、有关专家以及有关政府主管部门参加,对项目的技术方案进行评审。评审分专家评审和职能部门评审两部分,主要评审技术方案及投资概算是否先进、经济合理,是否满足规范要求,是否满足各部门的要求等。

初步设计审查会上,设计单位一般有 30 至 45 分钟的汇报时间,建筑师主要负责建筑概况、基本设计构思、总图方案、功能布局、消防设计、环保和劳卫设计等内容的汇报,其余内容如建筑结构方案,给排水与污水处理方案,供配电与弱电方案,制冷、通风与供热方案,工程概算等,由各专业负责人汇报(图 6-16)。汇报前做好充分的准备工作和 PPT 文件,内容要求层次清晰、简练,针对性强。

图 6-16　济宁机场迁建工程初步设计及概算评审会

评审会后,由建筑师主持,各专业设计人员根据专家和职能部门的评审意见进行修改补充,把修改后的设计文件及时交由建设行政主管部门审批。

6.2.3　施工图设计阶段

施工图设计阶段是在初步设计审批到施工图审批之间的阶段,由建筑师主导设计,目的是为材料/设备采购、土建施工和设备安装施工提供完整可靠、准确详细的施工设计文件,以期实现设计和施工的完美结合(图 6-17)。建筑师的工作主要分为建筑深化设计和各专业整合设计两部分。

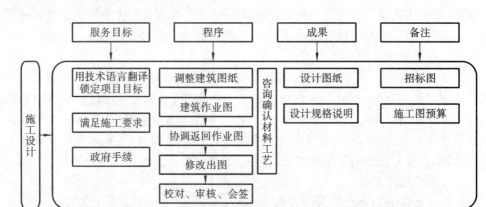

图 6-17 施工图设计阶段建筑师的设计程序

（1）建筑深化设计

建筑师在施工图设计阶段应继续深化技术图纸。运用电脑建模、节点放大和制作大比例构件模型等手段，对所有细节进行深入的推敲、比较，认真绘制详图、节点大样等，应对其他专业任何可见的构件和设备进行细致的安排，设计得越细、考虑得越周到，最后的建筑效果就会越好。例如雨水管和结构分缝的位置对外观影响较大，一般布置在阴角内或隐藏起来；消防栓、垃圾箱、指示牌、电话、电线、报警器、信箱、插座等这些细微的东西，往往容易被建筑师所忽视，它们的色彩、大小、形状和位置应引起我们足够的重视和关注。节点大样的多少取决于设计的深度，举个极端的例子，诺曼·福斯特设计的 apple store 的施工图细致到吊顶上的摄像头（图6-18）。

（2）各专业整合设计

理论上，在方案完成后各专业分别独立设计一个建筑是完全可能的，它们可以互不干扰地完成各自的使命。但是它们毕竟以某种方式相互联系，设备和许多其他元素在同一建筑中呈现出来，忽视它们或企图用装饰掩盖它们的做法都是于事无补的。建筑师要整合协调各专业的问题和矛盾，为了保证协调好同其他专业的关系，要主持综合管线的绘制，并把所有的设备留洞亲手画一遍，出一套专门的留洞图，以免建筑和设备以及设备各专业之间发生冲突，避免出现完工后再凿洞的现象。

目前，建筑师可以借助计算机技术和网络技术，即时、直观、高效率地协调各个专业的关系。首先，根据计算机技术和网络技术的要求，建立一套标准化的绘图技术规定，规定按实际尺寸比例绘制各管道、各设备，规定字体大小，规定各专业使用的笔号和颜色号，使它们不得重复；其次，充分发挥计算机技术和 CAD 软件外部引用的优势，建立一个共同的平台，使大、小样都引自共同的源文件，让各专业的信息即时交流，各专业的矛盾一目了然，实现平面上各专业的协同设计（国内设计院已经

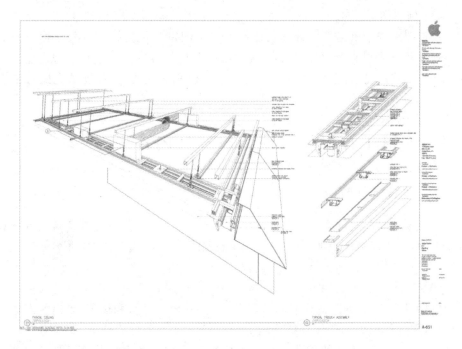

图 6-18　诺曼·福斯特为 apple store 设计的施工图节点大样

在尝试),同时建筑师将利用"建筑信息模型"（building information modeling，BIM）技术进行各专业三维的协同设计,达到像"绘制汽车图一样绘制建筑图",实现真正意义上的完全协同设计(图 6-19)。

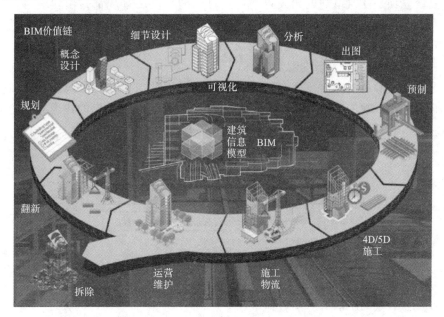

图 6-19　BIM 在工程项目中的应用价值链

（3）施工图审查

施工图审查指由建设主管部门认定的施工图审查机构按照有关法律、法规，对施工图涉及公共利益、公共安全和工程建设强制性标准的内容进行审查。建筑师要及时回复审查意见，有不同的看法可与审图单位充分交流，以保证顺利通过施工图的审查。

6.3 建筑工程设计其他阶段业务内容

6.3.1 建筑策划阶段

建筑策划阶段是方案设计阶段的前一个阶段，这个阶段以往是杂糅在方案设计阶段中的，近年来被逐步独立出来，成为一个先行于方案设计阶段，并为方案设计阶段提供设计依据和数据支持的重要阶段。

建筑策划（architectural programming）特指在建筑学领域内建筑师根据总体规划的目标设定，从建筑学的学科角度出发，不仅依赖于经验和规范，更以实态调查为基础，运用计算机等近现代科技手段对研究目标进行客观的分析，最终定量地得出实现既定目标所应遵循的方法及程序的研究工作。它为建筑设计能够最充分地实现总体规划的目标，保证项目在设计完成之后具有较高的经济效益、环境效益和社会效益提供科学的依据。简言之，建筑策划就是将建筑学的理论研究与近现代科技手段相结合，为总体规划立项之后的建筑设计提供科学的设计依据。

建设立项是建筑策划的出发点。达到目标的手段和过程都是由建设目标决定的，而且通过目标来进行评价。研究和选择实现立项目标的手段是建筑策划的中心内容，对手段的功能和效率预先进行评定分析则至关重要。为了对手段进行评价分析，实施建设项目程序预测是必要的，而正确的预测又始于对客观现象的认识，即相关信息的收集和调查。对现象变化过程和运动过程的认识以及对操作手段效果的预测都是不可或缺的，如果不能进行预测，也就不可能产生真正的建筑策划。总体而言，一项建筑策划通常有以下三大要素，如图 6-20 所示。

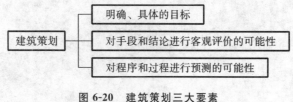

图 6-20　建筑策划三大要素

（1）项目分析

①信息收集，现场踏勘，项目评审。

由项目主管、项目经理或项目建筑师、工程主持人负责联络客户，收集与业主及项目相关的商务资料、设计基础资料,以满足商务判断和设计开展的要求。

商务资料包括业主的实力与信誉;项目的背景与实施的可能性;竞争对手状况及设计招投标程序;社会及市场宏观需求走向;参与项目的经济效益、社会效益的评估;设计公司发展战略等。

设计基础资料(设计与条件)包括工程项目批准文件;建设主管部门意见(有关城市规划要求、位置红线图、用地文件);选址报告及地形图;工程所在地气象、地质资料;设计标书(委托书),建设场地周围市政道路、管网资料,环境评价资料等。

②类似案例的调研与参观。

包括实物参观和资料调研。通过对功能、定位、规模、环境等相近实例的分析,感受最终建筑产品的形式、空间、技术设备、服务系统等,厘清所需的建筑产品的目标需求、最终形态和"卖点"特征。

③项目分析及报告。

项目分析及报告主要分为基本分析和扩展分析两种类型。

基本分析包括场地分析(含规划条件)、法规标准分析、功能分析、竞争者分析、典例案例分析和视觉元素分析。基本分析应达到的主要标准如图 6-21 所示。

图 6-21　基本分析应达到的主要标准

扩展分析包括材料分析(地方材料和新材料)、造价控制分析、工期控制分析、产品规格的技术经济分析等。扩展分析应达到的主要标准如图 6-22 所示。

图 6-22　扩展分析应达到的主要标准

(2) 概念设计

①多方案形成与比较。

概念设计与方案设计的基本程序相同,也要经过方案生成、多方案比较、最终方案完成的循环过程;体量组合及分析;平面及竖向构成的各种可能性及评价表;整体概念构思及方向性概念;几种方向性探讨草模及分析草模;根据各专业技术领域的评价。如图 6-23 所示为荷兰 BIG 事务所的纽约 600 单元住宅项目概念设计。

图 6-23 荷兰 BIG 事务所的纽约 600 单元住宅项目概念设计

根据上述调研,通过组织协调各行业专家及业主,进行头脑风暴式讨论,以确定目标市场和需求、产品功能和规模定位、产品形态和特征、主要解决方案和技术措施的概要。

②多方案建筑专业评审,确定设计方向和概念。

通过多方案创作,具备多方案草图、文字说明、主要技术经济指标后,由项目经理和项目主持人共同主持多方案比较评审,确定最优化和最有发展潜力的设计方向及设计概念。根据上述调研分析,以及建筑师原创性思考,提出一个基于建筑解决方案的完整提案。

③各专业配合建筑深化,提出设计概念。

在建筑研讨定向的基础上,确定方向,分发各专业;各专业提出相应的技术方案,包括面积、层高等要求;各专业配合的方案深化设计;立面及表现用草模研讨,并升华立面及细部表现。

④最终方案评审与提出。

确定拟投标方案的设计图纸、文字说明、主要技术经济指标,各专业设计方案说明,及需要研究解决的问题。由项目主持人主持方案的最终评审,检查方案是否满足招标书(委托书)要求,各专业是否存在技术问题,创意是否新颖,设计概念是否符合项目定位。

概念设计成果尽可能不包装,直接以草图、工作模型、分析图来展示设计理念和建筑构成,根据设计公司内部和业主的反馈,进行互动沟通,或推翻后重新构思,或深入不断完善。

6.3.2 施工服务阶段

施工服务阶段是从施工准备到竣工验收交付使用的阶段,以承建商为主导,目的是把建筑设计变为现实。建筑师负责施工服务的组织、管理及对外协调工作,根据施工的现实情况,选择建筑材料,协助设备选型,继续完善、调整和修改设计,直到最终实施为止。在施工服务中应做到服务周到及时、准确,同时建议尽量到施工现场去解决实际问题,以保证施工符合设计。施工服务阶段包含以下五个阶段(图6-24)。

(1)施工准备阶段

在承建商施工准备的阶段,建筑师主要配合承建商、业主做好设计交底和施工

图 6-24　施工服务阶段包含的五个阶段

图会审工作,亲临放线现场,根据现场情况最终确定设计平面和标高。施工图设计交底和会审一般一起进行,时间通常选在基础刚施工时。建筑师组织主要设计者及有关人员参加,在参加会议前应做好充分的技术准备,如:拟发言提纲、准备图表以及需要重点说明问题的相关资料。交底和会审中,要详细介绍建筑的设计意图、主要设计内容、施工难点和重点;确认设计的具体可操作性;及时回复承建商针对施工图的审查意见和疑问,回答要清晰明了,切忌模棱两可。会后建议建立业主、设计单位和承建商的通讯录,方便及时联系。

在承建商放完线后,建筑师要亲临现场(特别是地形复杂的项目),查看现场情况与设计是否吻合,是否需要对设计做适当调整,建筑平面是否需要微调,并最终确定建筑首层平面位置及地面设计标高。

(2)土建施工阶段

从基础施工开始到主体完工,在这一阶段,承建商主要按结构图纸施工,去现场服务的主要是结构工程师。但是,由于材料的比较、选择和制造等工作需要大量的时间,建筑师需在这时尽早地提醒业主把外墙、窗框和玻璃等材料的看样定板提到议事日程上,避免在需要确定材料时匆匆忙忙,要么与原有设计效果不符造成遗憾,要么延误工期。选用材料时要尽量用反映最终效果的现场样板来确定,样品、小样都无法真正反映建成后的实际效果。

(3)机电安装阶段

土建主体完工后,承建商进入了机电安装阶段,这时专业数量急剧增加,需要建筑师协调现场出现的安装与土建及各专业之间的矛盾。这些矛盾光凭建筑师的想象或抽象的语言交流已经很难解决了,需要建筑师到施工现场提出解决问题的方案,并绘制相应的补充变更通知单。

(4)装修装饰阶段

在装修装饰阶段,建筑师最重要的工作是对建筑材料的最终确定。为了保证建筑的最终效果,保证建筑内外装饰的和谐统一,建筑师要严格把好建筑材料关,去实地考察生产厂家的设备、能力,要用实际材料制作的大比例模型或样板间进行比较、研究,既不要轻易被工期、材料等因素所左右,又要协助业主顺利地完成看样定板的工作,以确保设计意图的完美实现。重点材料的看样定板都应由建筑师亲自过问,任何由别人代劳的方式,都无法保证设计的最终效果。

（5）竣工验收阶段

建筑师参加竣工验收，主要是检查施工是否符合设计意图，是否符合消防规范，提出合理的整改意见，督促承建商更好地完成建筑作品。

6.3.3 设计整理阶段

设计整理是在建筑物竣工交付使用后，建筑师为了持续改进设计水平，出于自身发展的需要，对已经建成的建筑进行评价、拍照和设计资料的整理工作。

（1）设计评价

主要针对建筑使用情况，进行使用后评价（POE）。使用后评价反馈的信息，对检验和调整创作理念、手法、技术等都大有裨益，同时使建筑师能够不断积累经验，不断超越自己，持续提高自身的建筑设计水平和能力。

①不同设计阶段的评价类型。

几乎所有带目的性的活动最终都需要进行评价，建筑设计也不例外。设计过程的每个阶段都要进行评价，评价的目的各不相同，是逐步推进建筑设计进步的必需手段，因此建筑师应该把它作为有效设计工作的基本组成部分。不同设计阶段的评价类型如图 6-25 所示。

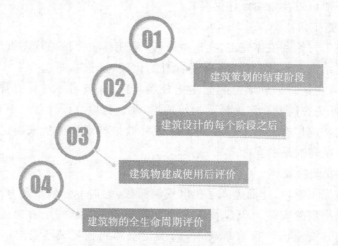

01 建筑策划的结束阶段

02 建筑设计的每个阶段之后

03 建筑物建成使用后评价

04 建筑物的全生命周期评价

图 6-25 不同设计阶段的评价类型

②使用后评价（POE）的选用。

通过对自身的建筑物进行使用后评价（POE），不断地在设计—建筑物评价—再设计的过程中提升对建筑设计的认知和理解，创作出真正"以人为本"的建筑，建立起一套完善、成熟的建筑设计评价体系，以此来推动建筑设计的良性循环和发展。采用使用后评价的原因有两个方面。

一方面，前期策划和建筑设计的每个阶段的评价，主要来自外部，是由业主或政府部门或相关的专业咨询机构来评估的，提出意见，并确定建筑师是否可以继续下一个阶段的工作。这些评价基本属于同行评议,主要根据国家规范、标准、专家主观意见和经验等来对建筑设计进行预评价。每个阶段评价的目的各不相同,如:前期策划的评估侧重经济的可行性;建筑方案的评估侧重于建筑的造型美观、建筑与环境的关系;建筑初步设计的评估侧重于技术可行性、施工图的审查技术的正确性。它们具有很大的主观性、被动性和片面性,缺乏建筑设计和实际使用情况的联系,反馈的信息对于提高建筑师能力的作用也相当有限。

另一方面,建筑物的设计使用年限通常是 50 年,实际使用年限可能还远远不止,建筑将经历许多不确定性和风险,建筑师要对自己设计的建筑物进行全生命周期评价几乎是不可能的,更不用说借此提高自身的设计水平了。

从理论上讲,一般用一年的时间基本可以了解建筑使用中出现的问题、使用者在一年中的感受。因此选用一年后的使用评价模式是比较合适的。

(2) 设计整理

出于自身发展的需要,建筑师有许多工作要做,其中包括发表高质量的学术论文、参加各种国内国际学术会议、参加设计的评优活动、出于市场的需要参加一些展览活动以吸引一些潜在的业主等,这些工作的关键是必须有优秀的照片和设计图片,因此,为已经完成了的建筑、室内以及周围环境拍照和整理设计文件是项目过程中的最后一个重要任务。

①为建筑拍照。为建筑拍照是一件昂贵的、需要花费时间的工作,需要建筑师花时间去寻找好的角度和好的光线。好的角度只要主动花时间就容易找到,捕捉好的自然光就不那么容易了,它随季节、纬度和天气等具体情况的不同而瞬息万变,需要耐心地等待(图 6-26)。

图 6-26 法国建筑摄影师吕西安·埃尔韦(Lucien Hervé)的建筑摄影作品

对已经建成的建筑需要建筑师尽快拍照,因为一旦业主进驻以后,建筑师就很难再对家具选用、建筑使用和维护拥有全面的控制权,时间拖得越长,对建筑拍摄工作的影响就越大,越容易造成对业主的干扰,为拍摄工作带来一定的难度。

为建筑拍照一般的程序如下：首先，到建筑现场试拍摄，尽快找到最能表现建筑的角度；其次，等到一个好天气(最好是暴雨以后的大晴天)，建筑师从早到晚进行尽量多的拍摄，若条件允许的话也可以请专业摄影师在选定的角度进行拍摄；最后，从数量众多的照片中选出自己满意的照片，存档以备使用。

②整理设计文件。把整个设计过程中的设计文件按照学术论文、设计评优等的要求进行整理，包括设计草图，概念分析图，总平面图，平、立、剖面图和轴测图等，它们主要用于专业人员之间的设计信息交流。

【本章小结】

本章的重要知识点是熟悉建筑师在建筑工程设计各阶段中的作用和责任。首先简介了各国建筑师全程业务的阶段差异并说明我国职业建筑师全程业务的发展导向，然后列出了包括方案设计、初步设计、施工图设计三个设计核心阶段的建筑师业务内容，另外还列出了包括建筑策划、施工服务、设计整理三个设计其他阶段的建筑师业务内容。

【思考与练习】

6-1 联合国的职业建筑师职能定义是什么？

6-2 中国建筑师职业服务体系的基本要点是什么？

6-3 方案设计阶段建筑师的设计程序包括什么内容？

6-4 初步设计阶段建筑师的设计程序包括什么内容？

6-5 施工图设计阶段建筑师的设计程序包括什么内容？

6-6 建筑工程设计的其他阶段业务内容主要包括哪些？

第7章　建筑师对施工的监督与服务责任

7.1　施工现场组织的基本原则与一般程序

7.1.1　施工现场组织的建筑师职责

　　建筑师职业的本质是代理业主进行建造全程的管理和控制。作为实现建筑设计重要环节的施工阶段,建筑师需要代理业主,对施工承包商进行施工合同的管理。也就是说,建筑师设计服务的目标是实现供业主使用的空间环境,其工作内容包含两个主要的方面:设计和督造。

　　在设计阶段,建筑师作为与业主(甲方)签订设计合同的乙方,负责完成设计过程,确定建筑物的形态和参数。在施工阶段,建筑师作为业主的代理人,帮助业主(甲方)监理承包商(乙方)的建造过程,并进行施工现场的合同管理,控制建筑物的质量、工期和造价。建筑师担任着三个角色:设计师(甲方代理人)、合同管理者、法规监守者(图 7-1)。

图 7-1　建筑师在施工阶段担任的三个角色

　　第一,设计师提供施工所需要的信息,包括审定材料、样板,审定加工图,发出"建筑师指令"(图 7-2)和"建筑修改单"。

　　第二,合同管理者审查开工条件,以业主代理人身份指导设计顾问的工作,巡查工地并做记录,审查批复施工方案,主持工地例会,向业主定期汇报工地进展,控制造价,验收工程,判断延期与签证,签发"进度付款凭证",建立并维护工程档案。

　　第三,法规监守者在营建过程中代表政府和公众,监察甲乙双方权利和义务,并在业主和承包商、承包商和分包商之间中立裁决时保持公平、公正。

　　建筑师是设计师和设计文件的编写者,是监督按图施工最合适的第三者(甲方

图 7-2 建筑师指令

和乙方之外)。建筑师的职业目标不仅仅限于设计图纸,而是一个完整的建造过程和完成的建筑物。因此,建筑师的服务不仅仅是设计,还应包括施工现场的督造——工地现场的监督、控制、调整、确认。

目前,我国在施工现场实施的监理政策,使本应属于建筑师设计及监理的职业流程和工作职责变成两种职业。在现实中,监理由于缺乏建筑师的职业训练和设计能力,往往无法胜任保障设计意图实现的角色,而沦为"橡皮图章",建筑师不对最终的设计产品负责,对造价、材料、工期、质量等也不负责。这种不负责严重影响了建筑师的专业性和权威性。

为此,2018 年 9 月住房和城乡建设建部发布了修改《建筑工程施工许可管理办法》的决定。决定删去原文件的第四条第一款第七项,即"按照规定应当委托监理的工程已委托监理",也就是说建设单位申请领取施工许可证,不再将监理合同作为前置条件。实际上,早在 2017 年 2 月国务院发布的《国务院办公厅关于促进建筑业持续健康发展的意见》中,在落实工程质量责任部分,并没有强调监理单位的主体责任。但根据目前的形势来说,全面取消监理资质将陷入尴尬境地,全由市场决定的条件尚不成熟。另外在《中华人民共和国建筑法》和《建设工程安全生产管理条例》

中监理内容依然存在,所以取消监理制度可能性不大。不过,目前监理改革正在不断推进,鼓励建设单位选择全过程工程咨询服务等创新管理模式将成为新趋势。

7.1.2　施工现场组织的基本原则

施工现场组织的基本原则如图 7-3 所示。

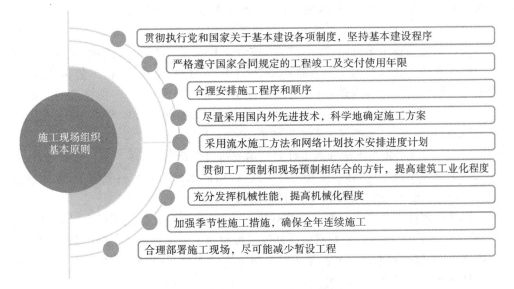

施工现场组织基本原则

- 贯彻执行党和国家关于基本建设各项制度,坚持基本建设程序
- 严格遵守国家合同规定的工程竣工及交付使用年限
- 合理安排施工程序和顺序
- 尽量采用国内外先进技术,科学地确定施工方案
- 采用流水施工方法和网络计划技术安排进度计划
- 贯彻工厂预制和现场预制相结合的方针,提高建筑工业化程度
- 充分发挥机械性能,提高机械化程度
- 加强季节性施工措施,确保全年连续施工
- 合理部署施工现场,尽可能减少暂设工程

图 7-3　施工现场组织的基本原则

(1) 贯彻执行党和国家关于基本建设的各项制度,坚持基本建设程序

我国关于基本建设的制度包括审批制度、施工许可制度、从业资格管理制度、招标投标制度、总承包制度、承包合同制度、工程监理制度、建筑安全生产管理制度、工程质量责任制度、竣工验收制度等。这些制度为建立和完善建筑市场的运行机制,加强建筑活动的实施与管理,提供了重要的法律依据,必须认真贯彻执行。

基本建设程序是指建设项目从决策、设计、施工到竣工验收整个建设过程中各个阶段及其先后顺序。各个阶段有着不可分割的联系,但不同的阶段有着不同的内容,既不能相互代替,又不许颠倒或跳跃。实践证明,违背了基本建设程序,就会造成施工混乱,影响质量、进度和成本,甚至对建设工作带来严重的危害。因此,坚持基本建设程序是工程建设顺利进行的有力保证。

(2) 严格遵守国家合同规定的工程竣工及交付使用年限

对总工期较长的大型建设项目,应根据生产或使用的需要,安排分期、分批建设、投产或交付使用,以期早日发挥建设投资的经济效益。在确定分期、分批施工的项目时,必须注意使如期交工的项目可以独立地发挥效用,即主要项目同有关的辅助项目应同时完工,可以立即交付使用。

（3）合理安排施工程序和顺序

建筑产品的特点之一是固定性，这使得建筑施工各阶段工作始终在同一场地上进行。没有前一段的工作，后一段工作就不可能进行，即使它们之间交叉搭接地进行，也必须严格遵守一定的程序和顺序。施工程序和顺序反映客观规律的要求，其安排应符合施工工艺，满足技术要求，有利于组织立体交叉、流水作业，也有利于为后续工程施工创造良好的条件，还有利于充分利用空间、争取时间。

（4）尽量采用国内外先进技术，科学地确定施工方案

先进的施工技术是提高劳动生产率、改善工程质量、加快施工进度、降低工程成本的主要途径。在选择施工方案时，要积极采用新材料、新设备、新工艺和新技术，努力为新结构的推行创造条件；要注意结合工程特点和现场条件，使技术的先进适用性和经济合理性相结合，还要符合施工验收规范、操作规程的要求，遵守有关防火、保安及环卫等规定，确保工程质量和施工安全。

（5）采用流水施工方法和网络计划技术安排进度计划

在编制施工进度计划时，应从实际出发，采用流水施工方法组织施工，以达到合理使用资源、充分利用空间、争取时间的目的。

网络计划技术是当代计划管理的有效方法，三维模型配合施工顺序时间可形成4D模型，如图7-4所示。采用网络计划技术编制施工进度计划，可使计划逻辑严密、层次清晰、关键问题明确，同时，便于对计划方案进行优化、控制和调整，并有利于电子计算机在计划管理中的应用。

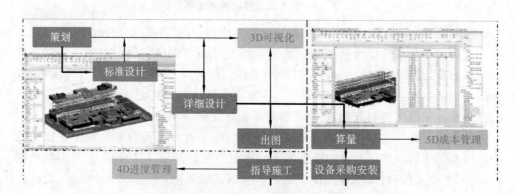

图 7-4　运用 BIM 工具进行 4D 进度管理和 5D 设备采购安装

（6）贯彻工厂预制和现场预制相结合的方针，提高建筑工业化程度

建筑技术进步的重要标志之一是建筑工业化，在制定施工方案时必须注意根据地区条件和构件性质，通过技术、经济比较，恰当地选择预制方案或现场浇筑方案。确定预制方案时，应贯彻工厂预制与现场预制相结合的方针，努力提高建筑工业化程度，但不能盲目追求装配化程度的提高。

（7）充分发挥机械性能，提高机械化程度

机械化施工可加快工程进度，减轻劳动强度，提高劳动生产率。为此，在选择施工机械时，应充分发挥机械的性能，并使主导工程的大型机械如土方机械、吊装机械能连续作业，以减少机械台班费用；同时，还应使大型机械与中小型机械相结合，机械化与半机械化相结合，扩大机械化施工范围，实现施工综合机械化，以提高机械化施工程度。

（8）加强季节性施工措施，确保全年连续施工

为了确保全年连续施工，减少季节性施工的技术措施费用，在组织施工时，应充分了解当地的气象条件和水文地质条件。尽量避免把土方工程、地下工程、水下工程安排在雨期和洪水期施工，把混凝土现浇结构安排在冬期施工；高空作业、结构吊装则应避免在风季施工。对那些必须在冬、雨期施工的项目，则应采用相应的技术措施，既要确保全年连续、均衡施工，也要确保工程质量和施工安全。

（9）合理部署施工现场，尽可能减少暂设工程

在编制施工组织设计及现场组织施工时，应精心地进行施工总平面图的规划，合理地部署施工现场，节约施工用地；尽量利用正式工程、原有建筑物及已有设施，以减少各种临时设施；尽量利用当地资源，合理安排运输、装卸与储存作业，减少物资运输量，避免二次搬运。

7.1.3　施工现场的一般施工程序

工程项目施工程序是指工程项目整个施工阶段必须遵守的先后顺序，一般是指从接受施工任务到竣工验收所包括的主要施工阶段的先后顺序，依次为施工规划、施工准备、组织施工、竣工验收，如图 7-5 所示。

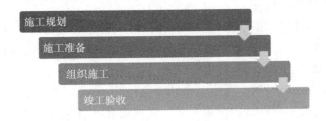

图 7-5　施工现场必须遵守的四个阶段

（1）施工规划

施工企业与建设单位签订施工合同后，施工总承包单位在调查分析资料的基础上，拟订施工规划、编制施工组织总设计、部署施工力量、安排施工总进度、确定主要工程施工方案、规划整个施工现场、统筹安排、做好全面施工规划，经批准后，便组织施工先遣人员进入现场，与建设单位密切配合，做好施工规划中确定的各项全局性施工准备工作，为建筑项目全面正式开工创造条件。

（2）施工准备

施工准备工作是建筑施工顺利进行的根本保证。施工准备工作主要包括：技术准备、物资准备、劳动组织准备、施工现场准备和施工场外准备。施工单位向主管部门提出开工报告前需要具备的条件包括：进行图样会审编制，单位工程施工组织设计，施工图预算和施工预算获得批准，组织好材料，半成品、构配件的生产和加工运输，组织施工机具进场，搭设临时建筑物，建立现场管理机构，调遣施工队伍，拆迁原有建筑物，搞好"三通一平"，完成场区测量和建筑物定位放线（图7-6）。

图7-6 建筑师指导施工现场的准备工作

（3）组织施工

组织施工是工程建设过程中最重要的阶段，必须在开工报告批准后才能开始。这一阶段是把设计者的意图、建设单位的期望变成现实的建筑产品的生产过程，必须严格按照设计图样的要求，采用施工组织设计规定的方法和措施，完成全部的分部分项工程施工任务。这一阶段决定了施工工期、建筑产品的质量和成本以及施工企业的经济效益。因此，在施工中要跟踪检查，进行进度、质量、成本和安全的全面控制，保证达到预期的目标。

施工过程中，往往有多单位、多专业共同协作，要加强现场指挥、调度，进行多方面的平衡和协调工作。在有限的场地上投入大量的材料、构配件、机具和人力，应进行全面的统筹安排，组织均衡、连续的施工。

（4）竣工验收

竣工验收是对工程项目的全面考核。完成设计文件所规定的内容后就可以组织竣工验收。

7.2 建筑师对施工的监督与服务责任

7.2.1 建筑师对施工的监督内容

建筑师及其团队在工程施工过程中发挥积极作用，是实现设计效果、提升工程质量的重要保障。现阶段不断推进的建筑师负责制试点工作，引导和鼓励建筑师依据合同约定提供全过程服务,对监理、施工单位是否按照既定设计文件要求实施建设进行技术监督,并签署现场工程指令,开展施工现场的驻场服务,在工程现场例会、关键节点验收、材料审核等方面发挥主导作用。建筑师对施工的监督内容如图7-7所示。

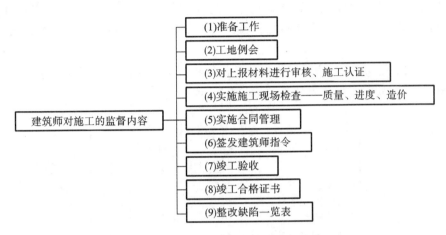

图 7-7　建筑师对施工的主要监督内容

（1）准备工作

①与业主确认建筑师作为业主的代理人和合同管理者的角色与职责。

②核查在合同中涉及的专业责任险的要求,确认保单已经提交检查。

③提醒业主及时支付的义务,业主应根据合同的约定及时、全额地支付。

④提醒业主所有指令只能以建筑师指令的形式发布才对承包商具有效力。

⑤确认所有工程监理、工地监工的聘用,并及时通知现场巡查员。

⑥依照合同提供给总承包商和工地监工相应份数的图纸和其他文件并进行施工文件交底,传达设计意图和施工要点,答疑。

（2）安排施工现场会议（工地例会）

项目建筑师安排与业主、总承包商、设计顾问、造价师的会议,确立合同管理中的流程、责任和应注意的关键问题。施工现场会议的主要议程如图7-8所示。

图 7-8　施工现场会议的主要议程

在可行情况下,项目建筑师根据合同文件的具体细节定期安排现场施工例会

（工地例会）。值得注意的是，全程服务中工地例会应由建筑师主持。

（3）对上报材料进行审核、施工认证

①项目建筑师督促承包商是否按照合同文件的规定将所有要求的材料提交给了相关方面，包括管线综合图、深化图、加工图、材料、样品、施工样板等。

②项目建筑师对业主及顾问的意见和建议进行汇总，并在文件上加以标注，在施工图纸和样品说明上列出这些意见和建议。在必要时可以提供草图、图纸及建筑师指示。

③业主、顾问或承包商要求作出的任何变更都应在实施之前记录在变更通知单上（图 7-9），必要时可以签发建筑师指示。

序号	变更通知单编号	页数	变更（修改）要点	提出单位
1	S4825.01-ZK99-01	13	图纸审查增加计十余项	XXX
2	S4825.01-ZK99-02	15	增加挠性管、柜间电缆	XXX
3	S4825.01-ZK99-03	1	现场增加材料、压力表法兰登记更改	XXX
4	S4825.01-ZK99-04	1	增加磁浮子伴热安装材料	XXX
5	S4825.01-ZK99-05	2	现场增加施工材料	XXX
6	S4825.01-ZK99-06	1	现场增加施工材料	XXX
7	S4825.01-ZK99-07	1	现场增加施工材料	XXX
8	S4825.01-ZK99-08	1	采购变送器	XXX
9	S4825.01-ZK99-09	1	增加电缆	XXX
10	S4825.01-ZK99-10	1	采购变送器	XXX
11	S4825.01-ZK99-12	8	增加减温器出口仪表安装材料	XXX
12	S4825.01-ZK99-ZK13	1	增加 DCS 手动开关等变更共计 8 项	XXX
13	S4825.01-ZK99-14	1	增加压力表伴热等变更共计 3 项	XXX
14	S4825.01-ZK99-15	1	增加塔上仪表安装材料等变更共计 10 项	XXX
	以下空白			

设计变更通知单明细表 （第 页 共 页） Q/SY 1476—2012 SY01-012

单项工程　　　　单项工程编号
单位工程　　　　单位工程编号

图 7-9　设计变更通知单明细

④项目建筑师审核并从节能、材料包装、降低废弃物以及污染防治方面筛选出环保型的施工方法和材料。

⑤解决和协调二次设计、施工过程中建筑结构、设备、景观等专业之间的矛盾。必要时提供现场指导或补充图纸及信息。

⑥审阅承包商提供的合理化建议,必要时采纳并提供修改图纸,签发建筑师指示。

⑦施工认证和承包商申请中期款项,需要由项目建筑师对所完成的工作量进行认证,并进行建筑成本估算。

(4) 实施施工现场检查——质量、进度、造价

①建筑师授权人员定期对施工现场进行检查(图 7-10),监督承包商的施工情况,并评估施工现场的其他问题,以及检查承包商的施工方法和总体施工计划。

图 7-10　施工现场定期检查

②授权人员在必要时对检查结果进行记录,要求承包商按照施工现场备忘录或政府质监站的要求采取措施。

③根据合同规定,项目建筑师审核并通过签发建筑师指示的方式最终确定现场备忘录。

④遵守任何阶段的工地作业指南。

⑤施工计划的研讨与审查(图 7-11)。

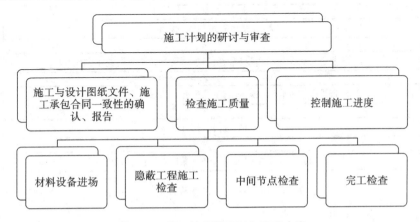

图 7-11　施工计划的研讨与审查内容

⑥检查施工的进度,确认阶段进展及向业主汇报。不仅要检查施工进度计划,必要时制订赶工措施,同时还要确保现场安全和环保绩效等。

（5）实施合同管理

①项目建筑师实施监督，确认应该提交给政府的材料是否提交完毕。

②在合同履行的整个过程中，项目建筑师签发各种表格，对合同规定进行管理。

③项目建筑师通知总承包商有关甲方合同的指定情况。

（6）签发建筑师指令

建筑师指示由项目主管/项目建筑师签发，说明涵盖的内容具有对成本和实施方案的合同约定意义。如图 7-12 所示为出现设计变更的具体情况。

| 甲方要求的修改 | 未预料到的施工现场情况 | 文件的出入 | 设计的疏忽 | 承包商建议的调整方案 |

图 7-12 出现设计变更（工程洽商）的五种情况

在可行情况下，项目建筑师应要求对工作范围进行详细概算，并应由建筑成本估算师和相关的专业顾问在发放关于此项的建筑师指示之前进行评估。

（7）竣工验收

依据合同条款，要求绘制、保存竣工图纸和记录，进行面积测绘。竣工验收的工作程序与主要内容如图 7-13 所示。

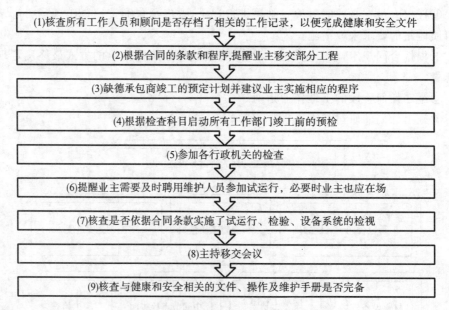

(1)核查所有工作人员和顾问是否存档了相关的工作记录，以便完成健康和安全文件

(2)根据合同的条款和程序，提醒业主移交部分工程

(3)缺德承包商竣工的预定计划并建议业主实施相应的程序

(4)根据检查科目启动所有工作部门竣工前的预检

(5)参加各行政机关的检查

(6)提醒业主需要及时聘用维护人员参加试运行，必要时业主也应在场

(7)核查是否依据合同条款实施了试运行、检验、设备系统的检视

(8)主持移交会议

(9)核查与健康和安全相关的文件、操作及维护手册是否完备

图 7-13 竣工验收的工作程序与主要内容

（8）竣工合格证书

①项目建筑师检查工程是否彻底完工，并在发放竣工合格证书之前编写整改清单，要求施工修正。

②项目建筑师填写竣工验收清单，反映施工情况，并更新提出的申请和收到的

批复记录。竣工合格证书可以按照合同文件的规定在工程全部或部分完工时签发。

（9）整改缺陷一览表

施工问题和缺陷一般通过多种方式中的任何一种确定，包括：实际完工检查中发现的明显缺陷；业主/终端用户提供的一览表；现场监理员提供的一览表；其他顾问提供的一览表；建筑师实施的正常检查。项目建筑师在保修期限结束后的14天内签发整改缺陷一览表。

7.2.2　建筑师对施工的服务责任

建筑师除了对施工进行技术监督之外，还充当建设单位与施工单位之间的管理者角色（代理执行，并非代建）。建筑师对施工的服务责任如图7-14所示。

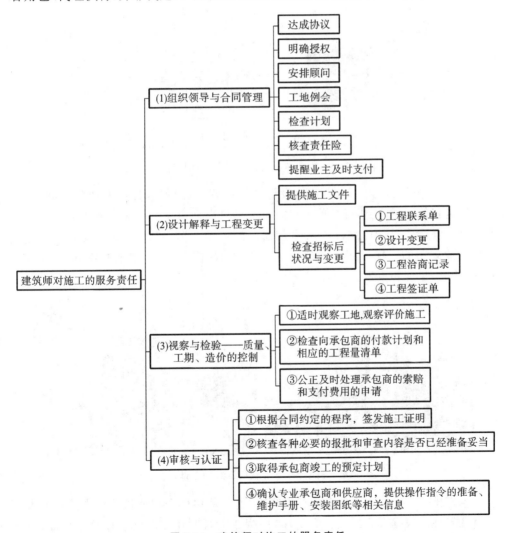

图 7-14　建筑师对施工的服务责任

（1）组织领导与合同管理

①建筑师与业主就督造服务达成协议，在设计合同中就工作方式和费用作出约定；也可通过对现行的施工合同追加补充条款的方式，或采用建筑师全程服务的施工合同，明确建筑师在建造过程中的地位和管理职能；确认建筑师作为业主的代理人和合同管理者的角色与职责；提醒业主需明确监理的职责，并告知其建筑师所拥有的领导地位。

②明确对建筑师的授权。明确工地管理的组织框架和责任人，各种审核、指令的操作流程、安排，应在第一次工地例会前准备妥当，并在会议中予以公布。所有给专业承包商和供应商的指令都应由建筑师发布，这些指令都应发送给总承包商。在建造的各阶段保持与相关人员和咨询方的联络（图7-15）。

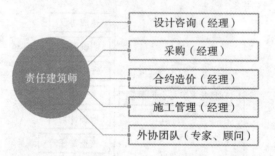

图 7-15　由建筑师统筹安排的责任执行团队

③在合理的时间内，安排人员、设施和各种资源，选择和任命专业的顾问、专职的工地监督等，根据需要就其他事宜向业主提供咨询意见。核查与业主商定的其他专业顾问督造范围，确保相关专业顾问团队的持续工作和到场。确认专业顾问检查各项专业施工的责任，并要求他们向建筑师汇报（图7-16）。如经授权，他们应参与委托、检验、见证和报告。

图 7-16　建筑师与专业顾问及专职工地监督交流

④安排交付工地或工地上既存建筑物，给总承包商全权或依照事先约定的方式占有和管理。根据合同的条款和程序，提醒业主暂时让渡部分产权给承包商；准备合同文本以供签字，应亲手转交或挂号邮寄，按照惯例一般先寄送给承包商，然后再

寄送给业主签章。与业主一同核查合同文件是否完成,并签署,以及是否已完成所需法律手续。

⑤检查承包商的施工方法和总体施工计划,如有问题和建议,应明确提出。确认开工和竣工的日期,并明确通知承包商。与业主讨论总承包商的施工总体计划,提醒业主在一些重要的节点需要作出的决策、获得的相关信息、某些服务内容的开始或结束工作。

⑥建筑师应主持每次的工地例会,召集业主、总承包商、咨询方、预算师(测量师)、工地监理来共同参加,保证各方的密切配合。每次会议纪要应明确各项内容的提议者、确认方、承担方、完成期限、核查确认时间等,保证每项内容的认真执行(图7-17)。根据与业主的协议适时检查工地。

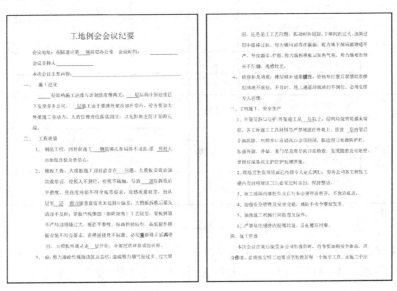

图7-17　工地例会会议纪要

⑦核查在合同中涉及的专业责任险的要求,确认保单已提交检查。与承包商召开现场会议,以确保在工地边界、防护、施工临时房屋、设施和工人的福利、安全保障措施、施工垃圾等方面遵守法规和合同的约定。并在整个施工过程中,监督各方遵守工地作业规程和要求。工地安全检查记录表如图7-18所示。

⑧提醒业主及时支付的义务,业主应根据合同的约定及时、全额地支付;依据合同条款保存竣工图纸和记录。核查所有工作人员和咨询方是否存档了相关的工作记录;提醒业主依据国家和地方法规所承担的义务,并告知业主总承包商和其他分包商在工作中应承担的法定义务。

(2)设计解释与工程变更

①依照合同向承包商提供相应份数的施工文件。核查提供给总承包商、工地监工的图纸和其他文件;向施工者正确传达设计意图;组织和协调各专业团队,共同完

序号	检查项目	存在问题	检查方法	检查结果			
				是否符合	检查标准	整改要求	考核意见
3	防风	设备设施稳固无松动；临时搭建的棚、手脚架稳固	查现场				
		特种作业需加强管理，五级风以上需升级管理	查现场				
4	现场作业	严格执行票证管理制度，办理相应的作业票	查票证				
		作业票证必须严格审批程序,合格有效	查票证				
		作业现场必须符合安全要求并设置专人监护	查现场				
		作业人员正确佩戴劳动防护用品	查现场				
		作业票证妥善保存	查记录				
		落实安全措施,杜绝违章	查现场				
5	用电管理	电气设备应进行静电接地，防雷设施完好	查现场				
		变压器室的门应上锁，并挂"高压危险"的警告牌及安全色标	查现场				
		不乱拉、乱接临时线、临时灯	查现场				

图 7-18　工地安全检查纪录表

成施工文件的整合,审核各种设备和系统的设计文件及其整合状况,包括管线综合图、深化图、加工图、材料、样品、施工样板等(图 7-19);根据需要和合同条款发布建筑师指令。

图 7-19　建筑师现场审核施工样板

②检查招投标后的状况,根据甲方修改要求、未能预料到的施工现场情况、设计的疏忽、文件的出入、承包商建议的调整方案等情况,修改设计文件,形成设计变更,并提醒业主可能增加的成本、设计费用、时间等,得到业主的授权后应采取恰当的措施。目前,施工现场常采用工程联系单、设计变更单、工程洽商记录、工程签证单等形式,记录设计和施工内容的调整与变化。

a. 工程联系单可视为对某事、某措施可行与否、设计文件的解释、变更等的联系请求函件和备忘录,反映出一个工程的进展过程,不含有造价和工期的变化(图7-20)。

附件1 　　　　　　　　　　　工程联系单

项目名称:　　　　　　　　　　编号:001 (必须连续不得间断)

类别		位置及桩号	

洽商事项:

(1)原因: (现场与图纸不符、地下管线影响施工等)
(2)依据: (会议纪要、变更图纸、变更通知单、规范要求,文件要求等)
(3)方案研究过程: (几方共同现场查勘研究,多次召开专题会议研究等)
(4)结论: (需变更的内容和研究结论)
(5)示意图或设计图纸: (复杂的可另附资料或图纸)
(6)预估设计的工程量增减: (复杂的可增加附件3《预计工程量计算书》,与本单共同确认,如有设计图纸的按图纸)
(7)预估造价: (如工程量大、复杂的,可增附件4《工程预算书》,与本单共同确认)
(8)预估工期影响: (不影响或影响多少天)

经办人员:　　　　　　　　　　　　　(盖章)

施工单位项目经理:　　　　　　日期:

监理单位: 　　　　　　　　　(盖章) 签字:　　　日期:	设计单位: (若不涉及可不填) 　　　　　　　　　(盖章) 签字:　　　日期:
SPV项目公司现场代表: 签字:　　　日期:	SPV项目公司: 　　　　　　　　　(盖章) 签字:　　　日期:
政府方项目实施机构或授权单位: 　　　　　　　　　(盖章) 签字:　　　日期:	跟踪审计单位: 　　　　　　　　　(盖章) 签字:　　　日期:

备注: 1.涉及单位均需要填写明确的意见 (如同意该方案等)
　　　 2.除特殊情况外,本联系单未经过批复,施工单位不得擅自施工

图 7-20　工程联系单

b. 设计变更是指建筑师(设计机构)根据上述原因,对原施工文件中所表达的设计标准状态的改变和修改,一般会带来造价和工期的变化。

c. 工程洽商记录主要指承包商(施工企业)就施工图纸、设计变更、所确定的工程内容以外,施工图预算或预算定额取费中未包含而施工中又实际发生费用的施工内容所办理的洽商(图 7-21)。

图纸会审、设计变更、洽商记录

工程名称	嘉景丽都一期工程			时间	2012年12月11日
序号	图号	提出图纸问题		图纸修订意见	
一	建施				
1	建施总说明	所有女儿墙或屋顶隔墙顶面均为白色涂料外墙2		女儿墙顶面同外墙,屋顶隔墙顶面均为白色涂料	
2	建施总说明	后浇带无防水节点		以结施图为准	
3	建施总说明	屋顶构架装饰做法不明确		做法同外墙,一般位涂料(真石漆)	
4	建施总说明	室内外分界处的门窗洞口或无门窗的洞口处于室内外分界处的装饰做法未明确		有门窗的窗框以外洞口和无门窗的洞口同外墙做法	
5	建施通S01	第六条第2款中填充墙应改为外围护墙		是	
6	建施通S01	第六条第3款是否可以取消		现场视情况确定	
7	建施通S01	第六条第7款设备管井混凝土槛与楼板同时浇筑,是否强制性要求		非强制性要求,但最好一次性浇筑	
8	建施通S01	建施S02顶棚2中位无机保温砂浆,而总建修-01要求顶棚抹灰应采用强度不低于M5.0的聚合物水泥砂浆或抗压强度不小于4.0MPa的石膏抹灰砂浆,以何为准		架空楼板、未封闭的阳台、平台顶板为无机保温砂浆,其余为聚合物水泥砂浆或石膏抹灰砂浆	
9	建施通S02	内墙1应为涂料内墙面,请明确涂料面层颜色		白色,内墙装饰的最后做法由业主定	
10	建施通S02	烟道、风道、管道井等通道内墙装饰做法不明确		随砌随抹20厚1:2.5水泥砂浆	
11	建施1-01	架空活动场地室内装饰做法不明确,应同门厅,墙面做保温(余同)		架空处与室内连接部位为外墙做外保温,顶棚做无机保温砂浆(见顶棚3)	
施工单位	项目经理: 技术负责人: 专职质检员:	建设(监理)单位	专业技术人员:(专业监理工程师) 项目负责人:(总监理工程师)	设计单位	专业设计人员: 项目负责人:

昆山市建设工程质量监督站 监制

说明:图纸会审记录中"(余同)"是指本栋或其余各栋有相同或相似问题按本条处理。

图 7-21 工程洽商记录

d. 工程签证单是业主(甲方)对某事、某措施的确认。如增加额外工作、额外费用支出的补偿、工程变更、材料替换成代用等,可视为补充协议。

上述所有文件的确认和实施都需要经过业主、承包商、建筑师(以及监理方)的签证。在国际通行的建筑师全程服务体系中,建筑师是业主的代理人和合同管理者,所有文件的确认都是以建筑师指令的形式签发到承包商的。业主没有权力向承包商直接下达指令,而必须通过建筑师。

③纪录所有的变更,确保所有变更明示,在修改后的文件中保留和记录所有原始问题;在需要修改施工图时,核查任何修改对专业承包商工作的影响,如需要则重新安排招投标;确认专业承包商和供应商将提供操作指令的准备、维护手册、安装图纸等相关信息。

(3)视察与检验——质量、工期、造价的控制

①适时地视察工地,采用定期检查或抽查的方式,观察并评价承包商的工地管理和承包商的施工方法、管理、材料样品(表 7-1);根据施工计划,检查承包商的施工进度,经常检查运送到工地的货物和材料;制订工地检查计划,以确定检查工地的时间,并注意隐蔽工程和当场的检查时间,并通知承包商;核查承包商的质量管理体系与承包商提交的施工组织计划书是否一致。

表 7-1　建筑师工地巡检的问题记录表

巡查人:谢晓欣

编号	场所及问题描述	问题处照片	缺陷类别	纠正后照片
			纠正措施	
			预定完成日	
1	车库入口坡度由于设置道闸及岗亭将原设计 2 车道改变为 1 车道,限制了使用功能			

②检查向承包商的付款计划和相应的工程量清单。监控由建筑师指示、设计变更引起的成本变化,并进行每月的预测,向业主汇报。就成本的重新预算、评估、签发付款凭证等,经常联络造价工程师。通知造价工程师任何暂扣款项,或总合同额中可合理减少的成本。

③公正而及时地处理承包商的索赔和支付费用的申请;控制建筑师的管理成本,监控实际开销是否已经超出预算。向业主提出任何由于建筑师的变更指示引起的服务费用的增加;根据合同的约定,定期向业主报告成本事宜。

(4)审核与认证

①根据合同约定的程序,签发施工证明。在建造的各阶段联络工程预算师(测

量师)进行测量、评估和造价增减的计算;依据合同条款,公正、合理地处理承包商的请求和告知。

②核查各种必要的报批和审查内容是否已经准备妥当,若未妥当则应及早向业主解释可能的后果。核查在建筑规范中所要求的所有审查与报批通知是否已经处理,若未处理则应及早向业主解释可能的后果。

③取得承包商竣工的预定计划,并建议业主实施相应的程序。提醒业主需要及时聘用维护人员参加试运行,若必要则要求业主也在场;核查是否依据合同条款实施了试运行、检验、设备系统的检视;主持移交会议。

④确认专业承包商和供应商,提供操作指令的准备、维护手册、安装图纸等相关信息。依据合同条款,在质量保证期限内准备缺陷的清单和整改实施计划,并在合同规定的期限内提交给承包商。

【本章小结】

本章的重要知识点是熟悉施工现场组织的基本原则和一般施工流程,以及熟悉建筑师对施工的监督与服务责任。除了设计工作,建筑师设计服务还包括施工现场督造的工作职责。建筑师应熟悉施工现场组织具有的基本原则和一般施工程序,以及相应的监督内容与服务责任。

【思考与练习】

7-1 概述施工现场组织的建筑师职责现状与发展?

7-2 施工现场组织的基本原则是什么?

7-3 施工现场的一般施工程序是什么?

7-4 建筑师对施工的监督内容是什么?

7-5 建筑师对施工的服务责任是什么?

附　录

中华人民共和国注册建筑师条例

（2019修正版）

> 注释：
> • 原版为1995年9月23日国务院发布（国务院令第184号）
> • 本版是根据2019年4月23日国务院令第714号《国务院关于修改部分行政法规的决定》修正，第八条黑体字部分为修正内容。

中华人民共和国国务院令

第184号

现发布《中华人民共和国注册建筑师条例》，自发布之日起施行。

总理 李 鹏

一九九五年九月二十三日

第一章　总则

第一条　为了加强对注册建筑师的管理，提高建筑设计质量与水平，保障公民生命和财产安全，维护社会公共利益，制定本条例。

第二条　本条例所称注册建筑师，是指依法取得注册建筑师并从事房屋建筑设计及相关业务的人员。注册建筑师分为一级注册建筑师和二级注册建筑师。

第三条　注册建筑师的考试、注册和执业，适用本条例。

第四条　国务院建设行政主管部门、人事行政主管部门和省、自治区、直辖市人民政府建设行政主管部门、人事行政主管部门依照本条例的规定对注册建筑师的考试、注册和执业实施指导和监督。

第五条　全国注册建筑师管理委员会和省、自治区、直辖市注册建筑师管理委员会，依照本条例的规定负责注册建筑师的考试和注册的具体工作。全国注册建筑师管理委员会由国务院建设行政主管部门、人事行政主管部门、其他有关行政主管部门的代表和建筑设计专家组成。省、自治区、直辖市注册建筑师管理委员会由省、自治区、直辖市建设行政主管部门、人事行政主管部门、其他有关行政主管部门的代表和建筑设计专家组成。

第六条　注册建筑师可以组建注册建筑师协会，维护会员的合法权益。

第二章　考试和注册

第七条　国家实行注册建筑师全国统一考试制度，注册建筑师全国统一考试办法，由国务院建设行政主管部门会同国务院人事行政主管部门商国务院其他有关行政主管部门共同制定,由全国注册建筑师管理委员会组织实施。

第八条 符合下列条件之一的,可以申请参加一级注册建筑师考试:

(一)取得建筑学硕士以上学位或者相近专业工学博士学位,并从事建筑设计或者相关业务 2 年以上的;

(二)取得建筑学学士学位或者相近专业工学硕士学位,并从事建筑设计或者相关业务 3 年以上的;

(三)具有建筑学专业大学本科毕业学历并从事建筑设计或者相关业务 5 年以上的,或者具有建筑学相近专业大学本科毕业学历并从事建筑设计或者相关业务 7 年以上的;

(四)取得高级工程师技术职称并从事建筑设计或者相关业务 3 年以上的,或者取得工程师技术职称并从事建筑设计或者相关业务 5 年以上的;

(五)不具有前四项规定的条件,但设计成绩突出,经全国注册建筑师管理委员会认定达到前四项规定的专业水平的。

前款第三项至第五项规定的人员应当取得学士学位。

第九条 符合下列条件之一的,可以申请参加二级注册建筑师考试:

(一)具有建筑学或者相近专业大学本科毕业以上学历,从事建筑设计或者相关业务 2 年以上的;

(二)具有建筑设计技术专业或者相近专业大学毕业以上学历,并从事建筑设计或者相关业务 3 年以上的;

(三)具有建筑设计技术专业 4 年制中专毕业学历,并从事建筑设计或者相关业务 5 年以上的;

(四)具有建筑设计技术相近专业中专毕业学历,并从事建筑设计或者相关业务 7 年以上的;

(五)取得助理工程师以上技术职称,并从事建筑设计或者相关业务 3 年以上的。

第十条 本条例履行前已取得高级、中级技术职称的建筑设计人员,经所在单位推荐,可以按照注册建筑师全国统一考试办法的规定,免予部分科目的考试。

第十一条 注册建筑师考试合格,取得相应的注册建筑师资格的,可以申请注册。

第十二条 一级注册建筑师的注册,由全国注册建筑师管理委员会负责;二级注册建筑师的注册,由省、自治区、直辖市注册建筑师管理委员会负责。

第十三条 有下列情形之一的,不予注册:

(一)不具有完全民事行为能力的;

(二)因受刑事处罚,自刑罚执行完毕之日起至申请注册之日止不满 5 年的;

(三)因在建筑设计或者相关业务中犯有错误受行政处罚或者撤职以上行政处分,自处罚之日止不满 2 年的;

(四)受吊销注册建筑师证书的行政处罚,自处罚决定之日起至申请注册之日止不满 5 年;

（五）有国务院规定不予注册的其他情形的。

第十四条　全国注册建筑师管理委员会和省、自治区、直辖市注册建筑师管理委员会依照本条例第十三条的规定，决定不予注册的，应当自决定之日起 15 日内书面通知申请人；申请人有异议的，可以自收到通知之日起 15 日内向国务院建设行政主管部门或省、自治区、直辖市人民政府建设行政主管部门申请复议。

第十五条　全国注册建筑师管理委员会应当将准予注册的一级注册建筑师名单报国务院建设行政主管部门备案；省、自治区、直辖市注册建筑师管理委员会应当将准予注册的二级注册建筑师名单报省、自治区、直辖市人民政府建设行政主管部门备案。国务院建设行政主管部门或者省、自治区、直辖市人民政府建设行政主管部门发现有关注册建筑师管理委员会的注册不符合本条例规定的，应当通知有关注册建筑师管理委员会撤销注册，收回注册建筑师证书。

第十六条　准予注册的申请人，分别由全国注册建筑师管理委员会和省、自治区、直辖市注册建筑师管理委员会核发由国务院建设行政主管部门统一制作的一级注册建筑师证书或者二级注册建筑师证书。

第十七条　注册建筑师注册的有效期为 2 年。有效期届满需要继续注册的，应当在期满前 30 日内办理注册手续。

第十八条　已取得注册建筑师证书的人员，除本条例第十五条第二款规定的情形外，注册后有下列情形之一的，由准予注册的全国注册建筑师管理委员会或者省、自治区、直辖市注册建筑师管理委员会撤销注册，收回注册建筑师证书：

（一）完全丧失民事行为能力的；

（二）受刑事处罚的；

（三）因在建筑设计或者相关业务中犯有错误，受到行政处罚或者撤职以上行政处分的；

（四）自行停止注册建筑师业务满 2 年的。

被撤销注册的当事人对撤销注册、收回注册建筑师证书有异议的，可以自接到撤销注册、收回注册建筑师证书的通知之日起 15 日内向国务院建设行政主管部门或者省、自治区、直辖市人民政府建设行政主管部门申请复议。

第十九条　被撤销注册的人员可以依照本条例的规定重新注册。

第三章　执业

第二十条　注册建筑师的执业范围：

（一）建筑设计；

（二）建筑设计技术咨询；

（三）建筑物调查与鉴定；

（四）对本人主持设计的项目进行施工指导和监督；

（五）国务院建设行政主管部门规定的其他业务。

第二十一条　注册建筑师执行业务，应当加入建筑设计单位。建筑设计单位的资质等级及其业务范围,由国务院建设行政主管部门规定。

第二十二条 一级注册建筑师的执业范围不受建筑规模和工程复杂程度的限制。二级注册建筑师的执业范围不得超越国家规定的建筑规模和工程复杂程度。

第二十三条 注册建筑师执行业务,由建筑设计单位统一接受委托并统一收费。

第二十四条 因设计质量造成的经济损失,由建筑设计单位承担赔偿责任;建筑设计单位有权向签字的注册建筑师追偿。

第四章 权利和义务

第二十五条 注册建筑师有权以注册建筑师的名义执行注册建筑师业务。非注册建筑师不得以注册建筑师的名义执行注册建筑师业务。二级注册建筑师不得以一级注册建筑师的名义执行业务,也不得超越国家规定的二级注册建筑师的执业范围执行业务。

第二十六条 国家规定的一定跨度、距径和高度以上的房屋建筑,应当由注册建筑师进行设计。

第二十七条 任何单位和个人修改注册建筑师的设计图纸,应当征得该注册建筑师的同意;但是,因特殊情况不能征得该注册建筑师同意的除外。

第二十八条 注册建筑师应当履行下列义务:

(一)遵守法律、法规和职业道德,维护社会公共利益;

(二)保证建设设计的质量,并在其负责的设计图纸上签字;

(三)保守在执业中知悉的单位和个人的秘密;

(四)不得同时受聘于二个以上建筑设计单位执行业务;

(五)不得准许他人以本人名义执行业务。

第五章 法律责任

第二十九条 以不正当手段取得注册建筑师考试合格资格或者注册建筑师证书的,由全国注册建筑师管理委员会或者省、自治区、直辖市注册建筑师管理委员会取消考试合格资格或者吊销注册建筑师证书;对负有直接责任的主管人员和其他直接责任人员,依法给予行政处分。

第三十条 未经注册擅自以注册建筑师名义从事注册建筑师业务的,由县级以上人民政府建设行政主管部门责令停止违法活动,没收违法所得,并可以处以违法所得5倍以下的罚款;造成损失的,应当承担赔偿责任。

第三十一条 注册建筑师违反本条例规定,有下列行为之一的,由县级以上人民政府建设行政主管部门责令停止违法活动,没收违法所得,并可以处以违法所得5倍以下的罚款;情节严重的,可以责令停止执行业务或者由全国注册建筑师管理委员会或者省、自治区、直辖市注册建筑师管理委员会吊销注册建筑师证书:

(一)以个人名义承接注册建筑师业务、收取费用的;

(二)同时受聘于二个以上建筑设计单位执行业务的;

(三)在建筑设计或者相关业务中侵犯他人合法权益的;

（四）准许他人以本人名义执行业务的；

（五）二级注册建筑师以一级注册建筑师的名义执行业务或者超越国家规定的执业范围执行业务的。

第三十二条　因建筑设计质量不合格发生重大责任事故，造成重大损失的，对该建筑设计负有直接责任的注册建筑师，由县级以上人民政府建设行政主管部门责令停止执行业务；情节严重的，由全国注册建筑师管理委员会或者省、自治区、直辖市注册建筑师管理委员会吊销注册建筑师证书。

第三十三条　违反本条例规定，未经注册建筑师同意擅自修改其设计图纸的，由县级以上人民政府建设行政主管部门责令纠正；造成损失的，应当承担赔偿责任。

第三十四条　违反本条例规定的，构成犯罪的，依法追究刑事责任。

第六章　附则

第三十五条　本条例所称建筑设计单位，包括专门从事建筑设计的工程设计单位和其他从事建筑设计的工程设计单位。

第三十六条　外国人申请参加中国注册建筑师全国统一考试和注册以及外国建筑师申请有中国境内执行注册建筑师业务，按照对等原则办理。

第三十七条　本条例自发布之日起施行。

【原第八条内容：符合下列条件之一的，可以申请参加一级注册建筑师考试：

（一）取得建筑学硕士以上学位或者相近专业工学博士学位，并从事建筑设计或者相关业务2年以上的；

（二）取得建筑学学士学位或者相近专业工学硕士学位，并从事建筑设计或者相关业务3年以上的；

（三）具有建筑学业大学本科毕业学历并从事建筑设计或者相关业务5年以上的，或者具有建筑学相近专业大学本科毕业学历并从事建筑设计或者相关业务7年以上的；

（四）取得高级工程师技术职称并从事建筑设计或者相关业务3年以上的，或者取得工程师技术职称并从事建筑设计或者相关业务5年以上的；

（五）不具有前四项规定的条件，但设计成绩突出，经全国注册建筑师管理委员会认定达到前四项规定的专业水平的。】

中华人民共和国注册建筑师条例实施细则

中华人民共和国建设部令

第167号

《中华人民共和国注册建筑师条例实施细则》已于2008年1月8日经建设部第145次常务会议讨论通过，现予发布，自2008年3月15日起施行。

建设部部长　汪光焘

二〇〇八年一月二十九日

第一章 总则

第一条 根据《中华人民共和国行政许可法》和《中华人民共和国注册建筑师条例》(以下简称《条例》),制定本细则。

第二条 中华人民共和国境内注册建筑师的考试、注册、执业、继续教育和监督管理,适用本细则。

第三条 注册建筑师,是指经考试、特许、考核认定取得中华人民共和国注册建筑师执业资格证书(以下简称执业资格证书),或者经资格互认方式取得建筑师互认资格证书(以下简称互认资格证书),并按照本细则注册,取得中华人民共和国注册建筑师注册证书(以下简称注册证书)和中华人民共和国注册建筑师执业印章(以下简称执业印章),从事建筑设计及相关业务活动的专业技术人员。

未取得注册证书和执业印章的人员,不得以注册建筑师的名义从事建筑设计及相关业务活动。

第四条 国务院建设主管部门、人事主管部门按职责分工对全国注册建筑师考试、注册、执业和继续教育实施指导和监督。

省、自治区、直辖市人民政府建设主管部门、人事主管部门按职责分工对本行政区域内注册建筑师考试、注册、执业和继续教育实施指导和监督。

第五条 全国注册建筑师管理委员会负责注册建筑师考试、一级注册建筑师注册、制定颁布注册建筑师有关标准以及相关国际交流等具体工作。

省、自治区、直辖市注册建筑师管理委员会负责本行政区域内注册建筑师考试、注册以及协助全国注册建筑师管理委员会选派专家等具体工作。

第六条 全国注册建筑师管理委员会委员由国务院建设主管部门商人事主管部门聘任。

全国注册建筑师管理委员会由国务院建设主管部门、人事主管部门、其他有关主管部门的代表和建筑设计专家组成,设主任委员一名、副主任委员若干名。全国注册建筑师管理委员会秘书处设在建设部执业资格注册中心。全国注册建筑师管理委员会秘书处承担全国注册建筑师管理委员会的日常工作职责,并承担相应的法律责任。

省、自治区、直辖市注册建筑师管理委员会由省、自治区、直辖市人民政府建设主管部门商同级人事主管部门参照本条第一款、第二款规定成立。

第二章 考试

第七条 注册建筑师考试分为一级注册建筑师考试和二级注册建筑师考试。注册建筑师考试实行全国统一考试,每年进行一次。遇特殊情况,经国务院建设主管部门和人事主管部门同意,可调整该年度考试次数。

注册建筑师考试由全国注册建筑师管理委员会统一部署,省、自治区、直辖市注册建筑师管理委员会组织实施。

第八条 一级注册建筑师考试内容包括:建筑设计前期工作、场地设计、建筑设计与表达、建筑结构、环境控制、建筑设备、建筑材料与构造、建筑经济、施工与设计业务管理、建筑法规等。上述内容分成若干科目进行考试。科目考试合格有效期为八年。

二级注册建筑师考试内容包括:场地设计、建筑设计与表达、建筑结构与设备、建筑法规、建筑经济与施工等。上述内容分成若干科目进行考试。科目考试合格有效期为四年。

第九条 《条例》第八条第(一)、(二)、(三)项,第九条第(一)项中所称相近专业,是指大学本科及以上建筑学的相近专业,包括城市规划、建筑工程和环境艺术等专业。

《条例》第九条第(二)项所称相近专业,是指大学专科建筑设计的相近专业,包括城乡规划、房屋建筑工程、风景园林、建筑装饰技术和环境艺术等专业。

《条例》第九条第(四)项所称相近专业,是指中等专科学校建筑设计技术的相近专业,包括工业与民用建筑、建筑装饰、城镇规划和村镇建设等专业。

《条例》第八条第(五)项所称设计成绩突出,是指获得国家或省部级优秀工程设计铜质或二等奖(建筑)及以上奖励。

第十条 申请参加注册建筑师考试者,可向省、自治区、直辖市注册建筑师管理委员会报名,经省、自治区、直辖市注册建筑师管理委员会审查,符合《条例》第八条或者第九条规定的,方可参加考试。

第十一条 经一级注册建筑师考试,在有效期内全部科目考试合格的,由全国注册建筑师管理委员会核发国务院建设主管部门和人事主管部门共同用印的一级注册建筑师执业资格证书。

经二级注册建筑师考试,在有效期内全部科目考试合格的,由省、自治区、直辖市注册建筑师管理委员会核发国务院建设主管部门和人事主管部门共同用印的二级注册建筑师执业资格证书。

自考试之日起,九十日内公布考试成绩;自考试成绩公布之日起,三十日内颁发执业资格证书。

第十二条 申请参加注册建筑师考试者,应当按规定向省、自治区、直辖市注册建筑师管理委员会交纳考务费和报名费。

第三章 注册

第十三条 注册建筑师实行注册执业管理制度。取得执业资格证书或者互认资格证书的人员,必须经过注册方可以注册建筑师的名义执业。

第十四条 取得一级注册建筑师资格证书并受聘于一个相关单位的人员,应当通过聘用单位向单位工商注册所在地的省、自治区、直辖市注册建筑师管理委员会提出申请;省、自治区、直辖市注册建筑师管理委员会受理后提出初审意见,并将初审意见和申请材料报全国注册建筑师管理委员会审批;符合条件的,由全国注册建筑师管理委员会颁发一级注册建筑师注册证书和执业印章。

第十五条　省、自治区、直辖市注册建筑师管理委员会在收到申请人申请一级注册建筑师注册的材料后，应当即时作出是否受理的决定，并向申请人出具书面凭证；申请材料不齐全或者不符合法定形式的，应当在五日内一次性告知申请人需要补正的全部内容。逾期不告知的，自收到申请材料之日起即为受理。

对申请初始注册的，省、自治区、直辖市注册建筑师管理委员会应当自受理申请之日起二十日内审查完毕，并将申请材料和初审意见报全国注册建筑师管理委员会。全国注册建筑师管理委员会应当自收到省、自治区、直辖市注册建筑师管理委员会上报材料之日起，二十日内审批完毕并作出书面决定。

审查结果由全国注册建筑师管理委员会予以公示，公示时间为十日，公示时间不计算在审批时间内。

全国注册建筑师管理委员会自作出审批决定之日起十日内，在公众媒体上公布审批结果。

对申请变更注册、延续注册的，省、自治区、直辖市注册建筑师管理委员会应当自受理申请之日起十日内审查完毕。全国注册建筑师管理委员会应当自收到省、自治区、直辖市注册建筑师管理委员会上报材料之日起，十五日内审批完毕并作出书面决定。

二级注册建筑师的注册办法由省、自治区、直辖市注册建筑师管理委员会依法制定。

第十六条　注册证书和执业印章是注册建筑师的执业凭证，由注册建筑师本人保管、使用。

注册建筑师由于办理延续注册、变更注册等原因，在领取新执业印章时，应当将原执业印章交回。

禁止涂改、倒卖、出租、出借或者以其他形式非法转让执业资格证书、互认资格证书、注册证书和执业印章。

第十七条　申请注册建筑师初始注册，应当具备以下条件：

（一）依法取得执业资格证书或者互认资格证书；

（二）只受聘于中华人民共和国境内的一个建设工程勘察、设计、施工、监理、招标代理、造价咨询、施工图审查、城乡规划编制等单位（以下简称聘用单位）；

（三）近三年内在中华人民共和国境内从事建筑设计及相关业务一年以上；

（四）达到继续教育要求；

（五）没有本细则第二十一条所列的情形。

第十八条　初始注册者可以自执业资格证书签发之日起三年内提出申请。逾期未申请者，须符合继续教育的要求后方可申请初始注册。

初始注册需要提交下列材料：

（一）初始注册申请表；

（二）资格证书复印件；

（三）身份证明复印件；

（四）聘用单位资质证书副本复印件；

（五）与聘用单位签订的聘用劳动合同复印件；

（六）相应的业绩证明；

（七）逾期初始注册的，应当提交达到继续教育要求的证明材料。

第十九条　注册建筑师每一注册有效期为二年。注册建筑师注册有效期满需继续执业的，应在注册有效期届满三十日前，按照本细则第十五条规定的程序申请延续注册。延续注册有效期为二年。

延续注册需要提交下列材料：

（一）延续注册申请表；

（二）与聘用单位签订的聘用劳动合同复印件；

（三）注册期内达到继续教育要求的证明材料。

第二十条　注册建筑师变更执业单位，应当与原聘用单位解除劳动关系，并按照本细则第十五条规定的程序办理变更注册手续。变更注册后，仍延续原注册有效期。

原注册有效期届满在半年以内的，可以同时提出延续注册申请。准予延续的，注册有效期重新计算。

变更注册需要提交下列材料：

（一）变更注册申请表；

（二）新聘用单位资质证书副本的复印件；

（三）与新聘用单位签订的聘用劳动合同复印件；

（四）工作调动证明或者与原聘用单位解除聘用劳动合同的证明文件、劳动仲裁机构出具的解除劳动关系的仲裁文件、退休人员的退休证明复印件；

（五）在办理变更注册时提出延续注册申请的，还应当提交在本注册有效期内达到继续教育要求的证明材料。

第二十一条　申请人有下列情形之一的，不予注册：

（一）不具有完全民事行为能力的；

（二）申请在两个或者两个以上单位注册的；

（三）未达到注册建筑师继续教育要求的；

（四）因受刑事处罚，自刑事处罚执行完毕之日起至申请注册之日止不满五年的；

（五）因在建筑设计或者相关业务中犯有错误受行政处罚或者撤职以上行政处分，自处罚、处分决定之日起至申请之日止不满二年的；

（六）受吊销注册建筑师证书的行政处罚，自处罚决定之日起至申请注册之日止不满五年的；

（七）申请人的聘用单位不符合注册单位要求的；

（八）法律、法规规定不予注册的其他情形。

第二十二条　注册建筑师有下列情形之一的,其注册证书和执业印章失效:

(一)聘用单位破产的;

(二)聘用单位被吊销营业执照的;

(三)聘用单位相应资质证书被吊销或者撤回的;

(四)已与聘用单位解除聘用劳动关系的;

(五)注册有效期满且未延续注册的;

(六)死亡或者丧失民事行为能力的;

(七)其他导致注册失效的情形。

第二十三条　注册建筑师有下列情形之一的,由注册机关办理注销手续,收回注册证书和执业印章或公告注册证书和执业印章作废:

(一)有本细则第二十二条所列情形发生的;

(二)依法被撤销注册的;

(三)依法被吊销注册证书的;

(五)受刑事处罚的;

(六)法律、法规规定应当注销注册的其他情形。

注册建筑师有前款所列情形之一的,注册建筑师本人和聘用单位应当及时向注册机关提出注销注册申请;有关单位和个人有权向注册机关举报;县级以上地方人民政府建设主管部门或者有关部门应当及时告知注册机关。

第二十四条　被注销注册者或者不予注册者,重新具备注册条件的,可以按照本细则第十五条规定的程序重新申请注册。

第二十五条　高等学校(院)从事教学、科研并具有注册建筑师资格的人员,只能受聘于本校(院)所属建筑设计单位从事建筑设计,不得受聘于其他建筑设计单位。在受聘于本校(院)所属建筑设计单位工作期间,允许申请注册。获准注册的人员,在本校(院)所属建筑设计单位连续工作不得少于二年。具体办法由国务院建设主管部门商教育主管部门规定。

第二十六条　注册建筑师因遗失、污损注册证书或者执业印章,需要补办的,应当持在公众媒体上刊登的遗失声明的证明,或者污损的原注册证书和执业印章,向原注册机关申请补办。原注册机关应当在十日内办理完毕。

第四章　执业

第二十七条　取得资格证书的人员,应当受聘于中华人民共和国境内的一个建设工程勘察、设计、施工、监理、招标代理、造价咨询、施工图审查、城乡规划编制等单位,经注册后方可从事相应的执业活动。

从事建筑工程设计执业活动的,应当受聘并注册于中华人民共和国境内一个具有工程设计资质的单位。

第二十八条　注册建筑师的执业范围具体为:

(一)建筑设计;

（二）建筑设计技术咨询；

（三）建筑物调查与鉴定；

（四）对本人主持设计的项目进行施工指导和监督；

（五）国务院建设主管部门规定的其他业务。

本条第一款所称建筑设计技术咨询包括建筑工程技术咨询，建筑工程招标、采购咨询，建筑工程项目管理，建筑工程设计文件及施工图审查，工程质量评估，以及国务院建设主管部门规定的其他建筑技术咨询业务。

第二十九条 一级注册建筑师的执业范围不受工程项目规模和工程复杂程度的限制。二级注册建筑师的执业范围只限于承担工程设计资质标准中建设项目设计规模划分表中规定的小型规模的项目。

《工程设计
资质标准》

注册建筑师的执业范围不得超越其聘用单位的业务范围。注册建筑师的执业范围与其聘用单位的业务范围不符时，个人执业范围服从聘用单位的业务范围。

第三十条 注册建筑师所在单位承担民用建筑设计项目，应当由注册建筑师任工程项目设计主持人或设计总负责人；工业建筑设计项目，须由注册建筑师任工程项目建筑专业负责人。

第三十一条 凡属工程设计资质标准中建筑工程建设项目设计规模划分表规定的工程项目，在建筑工程设计的主要文件（图纸）中，须由主持该项设计的注册建筑师签字并加盖其执业印章，方为有效。否则设计审查部门不予审查，建设单位不得报建，施工单位不准施工。

第三十二条 修改经注册建筑师签字盖章的设计文件，应当由原注册建筑师进行；因特殊情况，原注册建筑师不能进行修改的，可以由设计单位的法人代表书面委托其他符合条件的注册建筑师修改，并签字、加盖执业印章，对修改部分承担责任。

第三十三条 注册建筑师从事执业活动，由聘用单位接受委托并统一收费。

第五章 继续教育

第三十四条 注册建筑师在每一注册有效期内应当达到全国注册建筑师管理委员会制定的继续教育标准。继续教育作为注册建筑师逾期初始注册、延续注册、重新申请注册的条件之一。

第三十五条 继续教育分为必修课和选修课，在每一注册有效期内各为四十学时。

第六章 监督检查

第三十六条 国务院建设主管部门对注册建筑师注册执业活动实施统一的监督管理。县级以上地方人民政府建设主管部门负责对本行政区域内的注册建筑师注册执业活动实施监督管理。

第三十七条 建设主管部门履行监督检查职责时，有权采取下列措施：

（一）要求被检查的注册建筑师提供资格证书、注册证书、执业印章、设计文件（图纸）；

（二）进入注册建筑师聘用单位进行检查,查阅相关资料;

（三）纠正违反有关法律、法规和本细则及有关规范和标准的行为。

建设主管部门依法对注册建筑师进行监督检查时,应当将监督检查情况和处理结果予以记录,由监督检查人员签字后归档。

第三十八条　建设主管部门在实施监督检查时,应当有两名以上监督检查人员参加,并出示执法证件,不得妨碍注册建筑师正常的执业活动,不得谋取非法利益。

注册建筑师和其聘用单位对依法进行的监督检查应当协助与配合,不得拒绝或者阻挠。

第三十九条　注册建筑师及其聘用单位应当按照要求,向注册机关提供真实、准确、完整的注册建筑师信用档案信息。

注册建筑师信用档案应当包括注册建筑师的基本情况、业绩、良好行为、不良行为等内容。违法违规行为、被投诉举报处理、行政处罚等情况应当作为注册建筑师的不良行为记入其信用档案。

注册建筑师信用档案信息按照有关规定向社会公示。

第七章　法律责任

第四十条　隐瞒有关情况或者提供虚假材料申请注册的,注册机关不予受理,并由建设主管部门给予警告,申请人一年之内不得再次申请注册。

第四十一条　以欺骗、贿赂等不正当手段取得注册证书和执业印章的,由全国注册建筑师管理委员会或省、自治区、直辖市注册建筑师管理委员会撤销注册证书并收回执业印章,三年内不得再次申请注册,并由县级以上人民政府建设主管部门处以罚款。其中没有违法所得的,处以1万元以下罚款;有违法所得的处以违法所得3倍以下且不超过3万元的罚款。

第四十二条　违反本细则,未受聘并注册于中华人民共和国境内一个具有工程设计资质的单位,从事建筑工程设计执业活动的,由县级以上人民政府建设主管部门给予警告,责令停止违法活动,并可处以1万元以上3万元以下的罚款。

第四十三条　违反本细则,未办理变更注册而继续执业的,由县级以上人民政府建设主管部门责令限期改正;逾期未改正的,可处以5000元以下的罚款。

第四十四条　违反本细则,涂改、倒卖、出租、出借或者以其他形式非法转让执业资格证书、互认资格证书、注册证书和执业印章的,由县级以上人民政府建设主管部门责令改正,其中没有违法所得的,处以1万元以下罚款;有违法所得的处以违法所得3倍以下且不超过3万元的罚款。

第四十五条　违反本细则,注册建筑师或者其聘用单位未按照要求提供注册建筑师信用档案信息的,由县级以上人民政府建设主管部门责令限期改正;逾期未改正的,可处以1000元以上1万元以下的罚款。

第四十六条　聘用单位为申请人提供虚假注册材料的,由县级以上人民政府建设主管部门给予警告,责令限期改正;逾期未改正的,可处以1万元以上3万元以下的罚款。

第四十七条 有下列情形之一的,全国注册建筑师管理委员会或者省、自治区、直辖市注册建筑师管理委员可以撤销其注册:

(一)全国注册建筑师管理委员会或者省、自治区、直辖市注册建筑师管理委员的工作人员滥用职权、玩忽职守颁发注册证书和执业印章的;

(二)超越法定职权颁发注册证书和执业印章的;

(三)违反法定程序颁发注册证书和执业印章的;

(四)对不符合法定条件的申请人颁发注册证书和执业印章的;

(五)依法可以撤销注册的其他情形。

第四十八条 县级以上人民政府建设主管部门、人事主管部门及全国注册建筑师管理委员会或者省、自治区、直辖市注册建筑师管理委员的工作人员,在注册建筑师管理工作中,有下列情形之一的,依法给予处分;构成犯罪,依法追究刑事责任:

(一)对不符合法定条件的申请人颁发执业资格证书、注册证书和执业印章的;

(二)对符合法定条件的申请人不予颁发执业资格证书、注册证书和执业印章的;

(三)对符合法定条件的申请不予受理或者未在法定期限内初审完毕的;

(四)利用职务上的便利,收受他人财物或者其他好处的;

(五)不依法履行监督管理职责,或者发现违法行为不予查处的。

第八章 附则

第四十九条 注册建筑师执业资格证书由国务院人事主管部门统一制作;一级注册建筑师注册证书、执业印章和互认资格证书由全国注册建筑师管理委员会统一制作;二级注册建筑师注册证书和执业印章由省、自治区、直辖市注册建筑师管理委员会统一制作。

第五十条 香港特别行政区、澳门特别行政区、台湾地区的专业技术人员按照国家有关规定和有关协议,报名参加全国统一考试和申请注册。

外籍专业技术人员参加全国统一考试按照对等原则办理;申请建筑师注册的,其所在国应当已与中华人民共和国签署双方建筑师对等注册协议。

第五十一条 本细则自2008年3月15日起施行。1996年7月1日建设部颁布的《中华人民共和国注册建筑师条例实施细则》(建设部令第52号)同时废止。

行业相关政策文件

建筑工程设计核心阶段图纸示例

图纸示例

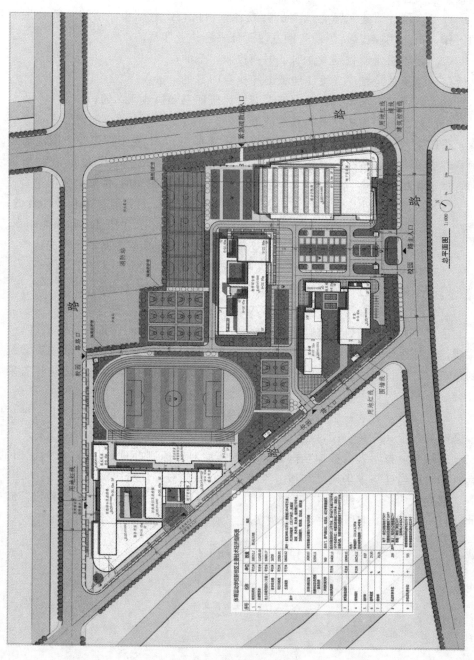

方案设计图纸示例 1(a)

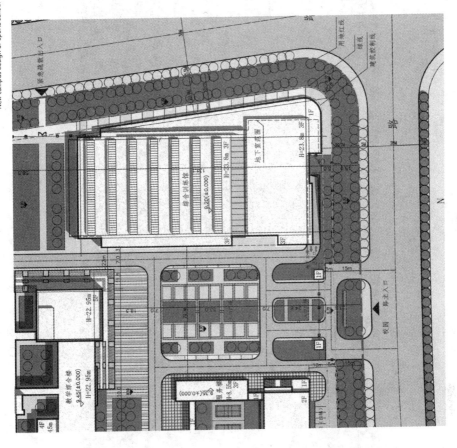

体育运动学校新校区设计
New campus design of sports school

综合训练馆
建筑设计构思

经济技术指标

总建筑面积：30000.14 m²
　其中地上建筑面积：22000.01 m²
　　地下建筑面积：8000.13 m²
基底面积：8650m²

方案设计图纸示例 1(b)

体育运动学校新校区设计
New campus design of sports school

综合训练馆
建筑设计构思

功能分区考虑人员使用、体育运动对空间的需求，和各类活动场地互相转换的灵活性。球类运动设置在建筑顶层大空间，满足其对高度的需求，相对应的地下，剖等设置在底层，可以独立对外运营；考虑到举沿街南铺；首层沿通甫路一侧设置重运动的特殊性，将其设置在地下一层，通过技术措施进行自然采光和通风。

方案设计图纸示例 1(c)

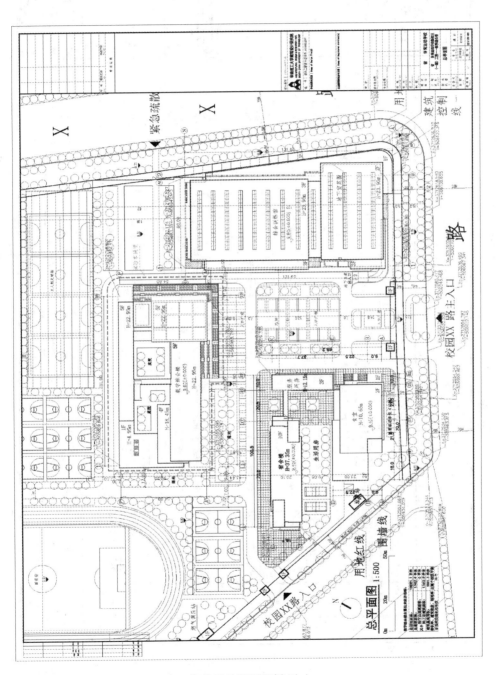

初步设计图纸示例 2(a)

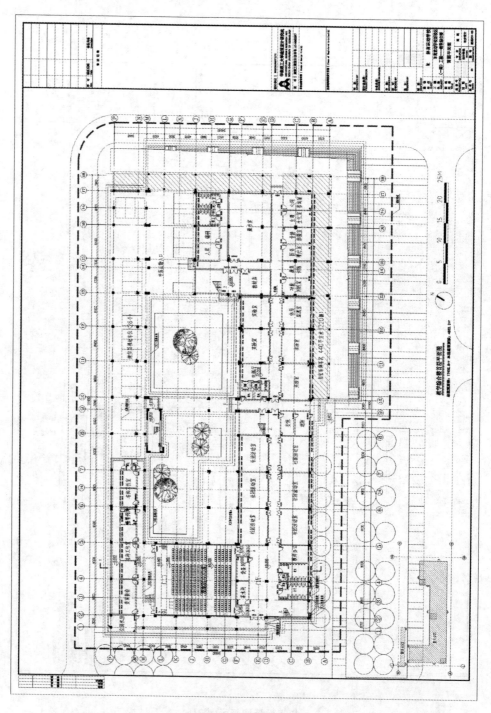

初步设计图纸示例 2(b)

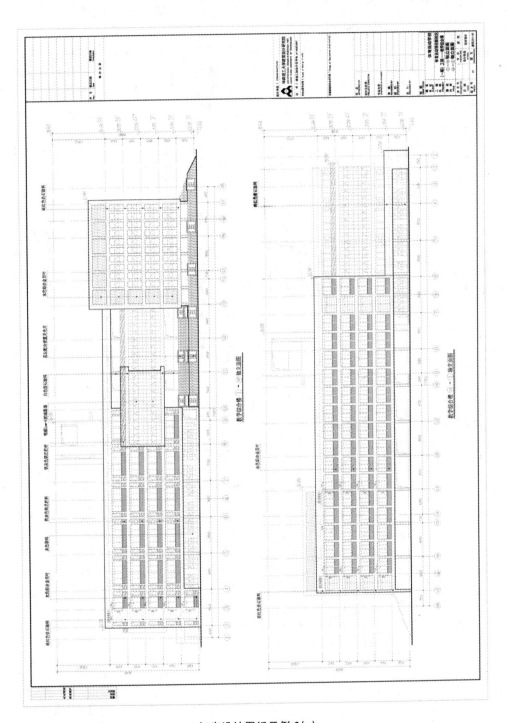

初步设计图纸示例 2(c)

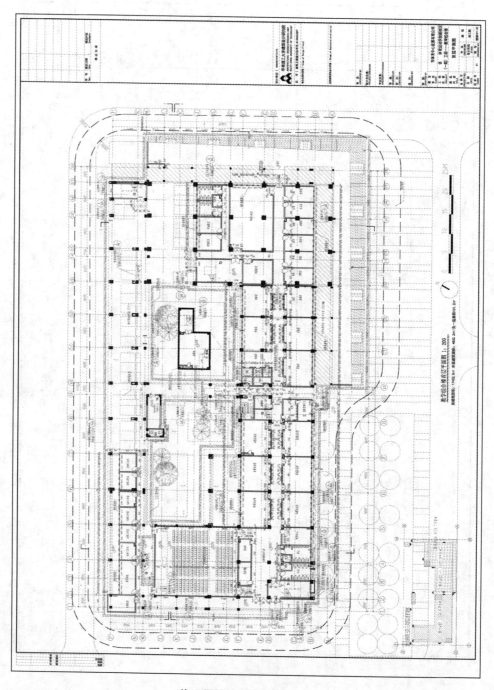

施工图设计图纸示例 3(a)

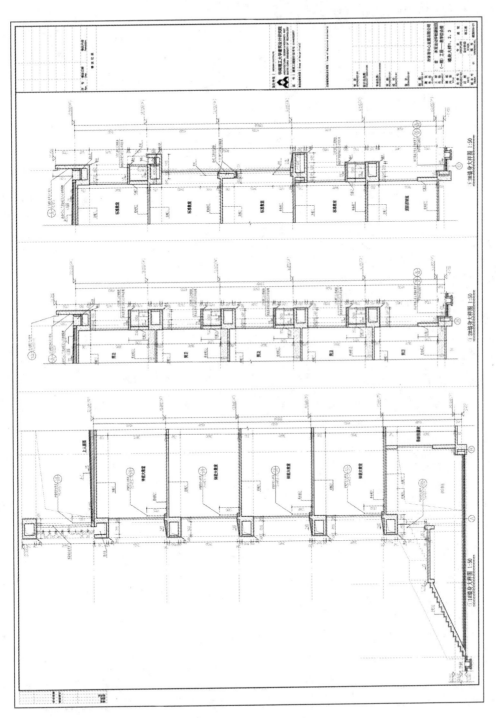

施工图设计图纸示例 3(b)

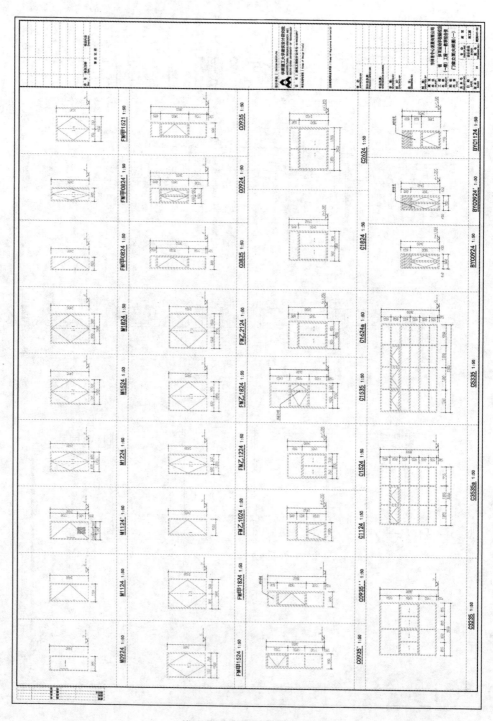

施工图设计图纸示例3(c)

参考文献

[1]   吴良镛. 广义建筑学[M]. 北京:清华大学出版社,1989.

[2]   梁思成.《营造法式》注释[M]. 北京:生活·读书·新知三联书店,2013.

[3]   柯布西耶. 雅典宪章[M]. 施植明,译. 台北:田园城市出版社,1996.

[4]   李剑平. 中国古建筑名词图解辞典[M]. 太原:山西科学技术出版社,2011.

[5]   段德罡,王兵. 建筑学专业业务实践[M]. 武汉:华中科技大学出版社,2008.

[6]   张宏然. 建筑师职业教育[M]. 北京:中国建筑工业出版社,2008.

[7]   姜涌,汪克,刘克峰. 职业建筑师业务指导手册[M]. 北京:中国计划出版社,2010.

[8]   华南理工大学建筑设计研究院. 何镜堂建筑创作 2010 年上海世博会中国馆总设计师[M]. 广州:华南理工大学出版社,2010.

[9]   周莉华. 何镜堂建筑人生[M]. 广州:华南理工大学出版社,2010.

[10]   许安之. 国际建筑师协会关于建筑实践中职业主义的推荐国际标准[M]. 北京:中国建筑工业出版社,2005.

[11]   罗小乐,朱贵祥. 建筑师与规划师职业教育[M]. 重庆:重庆大学出版社,2016.

[12]   沈端雄. 二级注册建筑师资格考试复习参考资料[M]. 北京:中国建筑工业出版社,1997.

[13]   郭阳明,郑敏丽,陈一兵. 工程建设监理概论[M]. 北京:北京理工大学出版社,2018.

[14]   葛宁,王秀敏,齐玉磊. 建设法规与案例分析[M]. 广州:华南理工大学出版社,2016.

[15]   鲁刚宁. 建设法规与案例分析[M]. 西安:西安交通大学出版社,2011.

[16]   戴谋富. 建筑师专家责任研究[M]. 北京:北京理工大学出版社,2012.

[17]   张毅. 工程项目建设程序[M]. 北京:中国建筑工业出版社,2018.

[18]   汪克,姜涌,刘克峰. 营建十书:走向中国建筑师全程业务[M]. 北京:北京出版社,2009.

[19]   郭卫宏. 建筑创作系统论[M]. 广州:华南理工大学出版社,2016.

[20]   庄惟敏,张维,梁思思. 建筑策划与后评估[M]. 北京:中国建筑工业出版社,2018.

[21]   贺晓文,伊运恒. 建筑工程施工组织[M]. 北京:北京理工大学出版社,2016.

[22]   齐宝库. 工程施工组织[M]. 北京:中国建筑工业出版社,2019.

［23］ 王晓京,袁红.美国注册建筑师制度研究［J］.世界建筑,2019(09):96-99 ＋125.

［24］ 戴锦辉,康健.英国建筑教育——谢菲尔德大学建筑学职业文凭设计工作室 简析［J］.世界建筑,2004(05):84-87.

［25］ 姜涌.职业建筑师与建筑——日本的建筑师职能体系及中日比较(1)［J］.世 界建筑,2005(3):102-105.

［26］ 姜涌.邓晓梅.建筑师职能的国际比较与中国改革［J］.中国勘察设计,2016 (04):45-55.

［27］ 曾群.直面当代中国建筑师的职业现实论坛［J］.时代建筑,2017(1):49-55.

［28］ 王子牛.建立与社会主义市场经济体制相适应的执业资格注册制度——评析 我国注册建筑师制度［J］.中国勘察设计,2001(07):24-26＋48.

［29］ 住房和城乡建设部.建筑工程设计文件编制深度规定(2016 年版)［R/OL］. (2016-11-17).http://mohurd.gov.cn/wjfb/201612/t20161201_229701. html.

本书图表来源